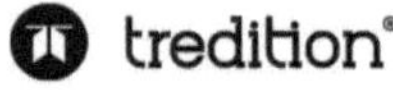

Verlag: tredition GmbH

978-3-7345-5160-4 (Paperback)
978-3-7345-5161-1 (Hardcover)
978-3-7345-5162-8 (e-Book)

ANDREAS KLINKSIEK

VISION 21

DAS MANIFEST

EINER ZIVILISIERTEN MENSCHHEIT

Einleitung

In dieser Zeit der grundlegenden Erneuerung des überholten unzivilisierten Unterdrückungssystems einer materialistischen Weltherrschaft hinterfragen erwachte Menschen überall in der Welt die politischen, rechtlichen und wirtschaftlichen Bereiche der Gesellschaft und führen die bisherigen Machtstrukturen ad absurdum. Immer mehr Menschen sind zu einem radikalen Neubeginn bereit, der zweifellos nicht mit Waffengewalt und Aggression verwirklicht werden kann, sondern nur durch das innere Erwachen des Einzelnen zu höherem Bewusstsein.
Die hier erläuterten universellen Prinzipien der zukünftigen „zivilisierten Menschheit" können eine gemeinsame Basis allen ideellen Strebens nach einer besseren Welt schaffen. Dieses „Manifest" ist die idealistische Wegweisung in eine lebenswerte Zukunft. Sie ist deshalb ideal – und muss es sein – weil es zur Erreichung dieses Zieles keine Halbheiten und Kompromisse geben kann. Denn der Friede lässt sich nur ganz und vollkommen finden. Frei ist ungeteilt frei und die Selbstverantwortlichkeit des Menschen ist - wie die Liebe - absolut. Es werden sich keine Strukturen des unzivilisierten Herrschaftssystems mit hinüber nehmen lassen in die „Neue Erde".
Der Bruch muss total sein, weil ein glückliches Leben in einer lebenswerten Zukunft im Hier und Jetzt nicht *für* wenige, sondern nur *mit* allen Menschen zu verwirklichen ist.
Das Schicksal der Erde und des Lebens auf ihr liegt in unserer Verantwortung. Es ist unsere freie Entscheidung, ob wir den Weg des kollektiven Erwachens wählen – oder es vorziehen, gewaltsam durch Konflikte und Kriege, die niemand wünschen kann - unsanft geweckt zu werden. Im gemeinsamen Erkennen unserer Verantwortlichkeit für diese „EINE Welt", die kein Besitz Weniger - sondern der Ort unserer aller irdischen Verwirklichung ist, erkennen wir, dass die noch herrschenden Machtstrukturen als Fundament der Zukunft nicht mehr tragen.
Es gibt inzwischen überall in der Welt Initiativen und Organisationen, die sich im Namen der Freiheit des Menschen und des globalen Friedens für einen verantwortungsbewussten Umgang mit dem Leben auf der Erde einsetzen.

Um nur einige von ihnen zu nennen:
„Das Amt der Menschen auf Erden", „Global Fusion Exchange",
„Weltkommission für die soziale Dimension der Globalisierung",
„Globale Bildung im Bündnis für Eine Welt" ...
Dieses „Manifest einer zivilisierten Menschheit" kann allen
Erwachenden interkulturell, interdisziplinär und interreligiös zur
Argumentation und als Zielsetzung dienen.
Die Akademie der Harmonik entwickelt als ganzheitliches
Forschungsinstitut die virtuellen Kommunikationsstrukturen für
einen globalen Dialog der Menschheit des 21. Jahrhunderts.
Möge diese Schrift dazu beitragen, dass die nationalen und
internationalen politischen Führer die Zielsetzungen eines
veralteten materialistischen Machtsystems konkurrierender
Egoismen zugunsten eines geistgeführten Weges liebevoller
Erneuerung korrigieren werden, damit das Ideal einer geeinten
Menschheit und wahrer Frieden auf einer erblühenden Erde
Wirklichkeit werden kann.
Diese Vision für die friedliche Umgestaltung der „alten" in die
„Neue Erde" ist von der Liebe inspiriert und weist dem
Einzelnen wie der Gemeinschaft aller Menschen den Weg zu
einer bislang unvorstellbaren Freiheit und Selbstverwirklichung.
Die Reifung zu einem ganzheitlichen Bewusstsein und das
Erwachen in einer höheren Wirklichkeit ist der Schlüssel zu
einer nie geahnten Lebensfülle des Menschseins in der
überzeitlichen Dimension des Hier und Jetzt.
Jetzt ist für uns der Zeitpunkt eines besseren Erkennens
gekommen, da wir lebendig erfahren und erweisen dürfen, was
der sich Selbst bewusst und EINS gewordene „Neue Mensch" in
der Kraft des göttlichen Liebegeistes für die Heilung der
wunden Erde tun kann.

„Die Revolution, die die Welt verändern wird,
beginnt im Herzen von jedem Einzelnen."

Akademie der Harmonik
(Herausgeber)

Austria

VISION 21

DIE NEUE ERDE

DAS MANIFEST EINER ZIVILISIERTEN MENSCHHEIT

Die Hinwendung zur Liebe

ist die Aufhebung der Angst.

In der Erkenntnis des Lichts

endet die Dunkelheit.

Die Vision

Es mag sein, dass Menschen verachtende Verschwörungen und Horror-Szenarien zur Realisierung vorbereitet sind, doch: Fürchte Dich nicht!

Manchem mag diese „Vision des 21. Jahrhunderts" noch realtitätsfremd scheinen. Tatsächlich aber ist eher das, was man heute gemeinhin für Realität hält, absurd weit von der Lebenswirklichkeit entfernt. Dies umso mehr, als der Mensch sich der materialistischen Weltherrschaft soweit unterwarf, dass er sich der seelischen und geistigen Realität seines wahren Seins völlig entfremdet hat.

Es ist nicht mehr zu leugnen und inzwischen keine Frage mehr, dass die kapitalistische Weltwirtschaft mit dem System der Konkurrenzgesellschaft die Grenzen des Sinnvollen längst überschritten hat. Der Mensch wird gewahr werden, dass er die Biosphäre der Erde und sich selbst in ernste Schwierigkeiten gebracht hat, denen er nur mit einem grundlegenden Wandel des Systems begegnen kann.

Der Mensch steht jetzt am Scheideweg. Die eine Richtung – die milliarden „Gläubige" in frommem Wahn bereit zu gehen sind - führt durch Krieg in die Steinzeit. Da ist keine Glorie. Dort ist nicht der ersehnte Messias – der erwartete Zwölfte Imam - der Heilsbringer Saoshyant, Kalki, Miroku - oder wie die verschiedenen Religionen ihren erwarteten Retter nennen – dort ist nicht die Wiederkunft Christi. Da ist nur das Elend einer zerstörten Welt. Wartet nicht länger auf den Weltuntergang, der dem Kommen des Erlösers voraus gehen soll!

Wartet nicht länger auf die Weltherrschaft des Antichristen: sie ist schon lange da! Und es ist nun Zeit, diese Herrschaft des Materialismus und der Herzensblindheit zu überwinden, indem die Liebe Gottes im Licht der Wahrheit in unseren Herzen erwacht.

Lasst uns den anderen Weg wählen:

den Weg des Erwachens hin zum bewussten Menschen! Dies ist die wahre „Wiederkunft des Herrn": nicht als Richter herab aus den Wolken schwebend, sondern als erwachter Christusgeist im Menschen – in jedem Menschen – in Dir und mir.

Diese Schrift möchte einen Beitrag zur gesellschaftlichen Verständigung über die relevanten Fragen der Gegenwart leisten. Sie hinterfragt den Materialismus als herrschendes Prinzip – zugunsten eines geistigen Fortschritts, der für die weitere Entwicklung der Menschheit überlebensnotwendig ist. Und wenn sie vielleicht auch nicht gleich und sofort die ganze Welt retten wird, so mag sie vielleicht dem Einen oder Anderen hilfreiche Anregung und Wegweisung sein, indem sie eine Idee von der - nicht nur möglichen – sondern höchst realen höheren Wirklichkeit vermittelt.

Noch können wir freiwillig den klimatischen und ökologischen Kollaps verhindern, indem wir uns als Teil der höheren Ordnung des Lebens erkennen. Oder müssen uns die Folgen unseres unbedachten Tuns erst zu besserer Erkenntnis zwingen?

Möglich auch, dass wir in Blindheit, noch bevor die Zivilisation einer global geeinten Menschheit hier erblühen kann, die Grundlage unserer irdischen Existenz zerstören. Denn in unseren Händen liegt es, zu vernichten oder zu erschaffen. Vielleicht zu spät erinnert sich der Mensch dann seiner eigentlichen Aufgabe in dieser Schule des Lebens.

Die „Vision 21" ist nicht fundamentalistisch – aber fundamental. Sie reißt das bestehende Weltgebäude ein und propagiert eine Revolution, die die Welt verändern wird. Diese Revolution kann den Einzelnen und uns alle aus einer umdunkelten, angstvollen Schattenwelt ins Licht des wahren göttlichen Seins erheben.

Der gelegentlich etwas drastisch erscheinende Kontrast von Ideal und gegenwärtiger gesellschaftlicher Realität ist keine dramaturgische Absicht - sondern entspricht der Wirklichkeit.

Große Wahrheiten sind einfach. Wenn der Weg der „Liebe", den uns der göttliche Inspirator in unseren Herzen weist, manchem vielleicht derzeit noch zu „einfach" scheint, so ist er dennoch der einzige Weg zum Heil einer friedlichen Gegenwart.

Möge diese Schrift das Herz des Lesers erreichen und erfreuen.

Andreas Klinksiek

Kärnten,
09.09.2016

Die Vision von der Neuen Erde

Im Traum sah ich die Erde als einen dunklen Planeten im All. Da hörte ich eine Stimme: *„Liebe ist ansteckend."* Während ich mit diesen Worten langsam ins Wachbewusstsein hinüber glitt – sah ich einzelne Lichtpunkte (wie Feuerwerk) immer mehr werden, bis die Erde schließlich sonnenhell war. Da wachte ich auf, und es war Morgen.

Die Menschheit braucht eine Vision für das 21. Jahrhundert, ein wahrhaft erstrebenswertes Ziel, das die Allgemeinheit begeistert und jeden Einzelnen unmittelbar anspricht. So groß und mächtig müssen die Ziele dieser Vision sein, dass sie jedes Individuum motivieren und im Herzen berühren und dadurch auch die Kraft haben, die äußeren Verhältnisse der Welt zu verändern.

Die Weltrevolution, zu der in logischer Konsequenz der Zusammensturz des materialistischen Systems der Herrschaft des Geldes führen wird, wird die bestehenden Strukturen entweder gewaltsam – mit schlimmsten Auswirkungen für alles Leben auf der Erde – oder mit der friedlichen Macht der besseren Erkenntnis beseitigen. Das ist unsere Wahl: Krieg und Aggression – oder Frieden und Liebe? Das sind die Optionen für die zukünftige Entwicklung der Welt. Zur Installierung neuer, vielleicht noch ungerechterer Kräfte, gibt es nur eine einzige Alternative: eine kollektive Umwendung aus tieferer Einsicht jedes Einzelnen.

Wie anders könnte und sollte die Wirklichkeit der globalen Gesellschaft der Zukunft aussehen?! Um die dramatischen Folgen des endgültigen Zusammenbruchs des Systems der Weltwirtschaft und des Klimawandels lindern zu können, müsste das Wesen Mensch zunächst sich selbst erkennen – und seine Verantwortung für den Zustand der Welt. Die Natur harrt in bebender Spannung der Entwicklung des gegenwärtigen Schauspiels auf der Bühne der Welt.

Wir müssen den Sturz nicht nur bremsen, sondern ihn stoppen und umkehren zur großen Chance menschlicher Entwicklung: Wenn wir im freien Fall alles irdisch Schwere fallen lassen, werden wir uns daran erinnern, dass wir „fliegen" können. Dann würden wir uns endlich unserer „Flügel" erinnern und zum wahren integralen Menschsein erwachen.

Nur durch bessere Einsicht und die Erkenntnis der höheren Wirklichkeit kann das ungerechte Weltsystem überwunden – und die persönlichen und gesellschaftlichen Wertevorstellungen korrigiert werden. Die herrschende Meinung, dass der Wert eines Menschen nach seiner Leistung oder nach seinem irdischen Reichtum zu bemessen sei, wird der Wertschätzung des Einen Lebens in uns allen weichen. Das Recht des Stärkeren wird zur Verantwortung für die Schwächeren werden. Das ist keine fantastische Utopie, sondern Überlebensnotwendigkeit und der nächste Schritt auf dem Weg der geistigen „Evolution des Bewusstseins".

Dass der Mensch das Ewige im Zeitlichen erfasst und im Erkennen des göttlichen Plans dessen Verwirklichung bewusst erfüllt, das ist die Vision des 21. Jahrhunderts.

Dies ist die einzige Vision, die eine Transformation des Weltbewusstseins und eine Erhebung der Seele aus den Tiefen ihrer materialistischen Knechtschaft in die Sphären der höheren geistigen Wirklichkeit bewirken kann.

Die Verwirklichung dieses Ideals ist die einzige Chance für die geschundene Erde, die sich bereits inmitten umfassender Prozesse der Veränderung befindet, die der Mensch zwar verursacht hat, aber nicht beherrschen kann. Die ökologischen, klimatischen und gesellschaftlichen Auswirkungen der Überdehnung des lange überholten Systems einer bloß merkantilen Weltanschauung werden zu einer Zäsur zwingen, die zwar mit dem Ende des alten Systems, aber auch mit dem Anfang des „Neuen Menschen auf der Neuen Erde" einhergehen wird.

Alle ökologischen und ökonomischen Probleme der Menschheit werden sich lösen lassen, wenn sie ihr bipolares Verstandes-Denken zur höheren Warte eines ganzheitlichen Bewusstseins transformiert.

Dann wird der Mensch seinen Energiebedarf aus sauberer Quelle unerschöpflicher Elektrizität decken, die ihm bislang noch unbekannt war. Wenn sich das Bewusstsein des Menschen zur Erkenntnis des „Geistigen Feuers" (Agni) erhebt, wird die Erschließung neuer Energiequellen alle irdischen Bedürfnisse stillen. Alle jetzt noch unüberwindlich scheinenden Probleme werden sich im Licht dieses höheren Bewusstseins auflösen. Die Menschheit wird zu neuer, wahrhaftig kultureller Blüte in der Höheren Wirklichkeit erwachen. Schon bald könnte sie mit allem Komfort einer elektrifizierten Welt in globaler Mobilität den modernen Garten Eden bewohnen, wenn sie endlich nur das Hin-und-Hergerissen-Sein zwischen den Polen der bipolaren Welt überwinden und zurück zur Einheit mit Gott und sich selbst finden wollte.

Die Kraft des Lebens Selbst wird sich im Bewusstsein und durch das Wirken des Menschen in der der Natur auf diesem Planeten vervollkommnen und der globalisierte Acker der Erde sich in den Garten Eden umgestalten. Jeder Bewohner des Planeten wird Nahrung genug haben – nicht nur für den Körper – sondern auch für die Seele und den Geist.

Die Hoffnung auf Erfüllung dieses Ideals scheint in dieser Weltstunde noch ein ferner Traum. Doch auch wenn man nicht geneigt ist, der Menschheit eine größere Entwicklungsfähigkeit zuzutrauen: Die Verwirklichung durch gegenseitige Zuneigung in Liebe und die Hinwendung des Ichs zum Wir, ist die einzige Alternative im 21. Jahrhundert zu den drohenden Kriegen und ökologischen Katastrophen.

Die Revolution, die nach dem Zusammenbruch des verkehrten Weltsystems der materialistischen Herrschaft des Kapitals (die Zinswirtschaft und die petrochemischen Weltindustrie des „Zauberlehrlings", der die Geister, die er rief, nicht beherrschen kann), den Menschen einzig aus der fortschreitenden Entgeistigung und Veräußerlichung seines Bewusstseins entreißen kann, findet nur in seinem Herzen statt.

Die Selbstverantwortung

Wer zieht im scheinbar führungslosen Zug der Welt, der immer schneller werdend auf den Abgrund zurast, endlich die Notbremse? Nein, von keiner der politischen Parteien kann man dies erwarten. Sie zementieren nur das Machtsystem und sind schon wegen ihrer Parteilichkeit nicht für die Schaffung der neuen ganzheitlichen Orientierung geeignet. Auch die Staaten taugen in der jetzigen Befangenheit ihrer staatlichen Interessen nicht für die Entwicklung der „Neuen Welt" des „Neuen Menschen". Mit dem Kampf um Machträume haben sie zunächst das Konkurrenzdenken ihres nationalen Egoismus` zu überwinden, bevor sie sich als synergetische Organe eines einzigen gemeinsamen Körpers des Einen Menschen erkennen können, der diesen Planeten bewohnt. Denn das zukünftige

Friedensreich der holistischen Welt des 21. Jahrhunderts hat nicht nur alle Menschen einzubeziehen, sondern verantwortlich und ohne separierendes Machtinteresse - zugleich alles Leben auf der Erde.

Die Entscheidungsautorität des Einzelnen für sich selber ist höher als jede politische Autorität – gleich in welcher Staatsform er lebt. Zuallererst ist der Mensch seinem Gewissen verpflichtet – und sogar unter einem totalitären Regime bleiben die Gedanken frei. So warte niemand auf den Anderen, sondern fange bei sich selber an.

Der gesamte Organismus würde erblühen, wenn jeder in seinem persönlichen Lebensbereich begänne, der Stimme seines Herzens zu folgen. Dann würde Jeder Jedem hilfreich sein, weil man erkennen würde, dass ein uneigennütziger Dienst an der Allgemeinheit den Gebenden selbst am reichsten beschenkt. Nicht länger würde das Profitinteresse Weniger über den Interessen der Allgemeinheit stehen. Die Leistungen der Politik und Wirtschaft würde man daran messen, wie erfolgreich sie für das Gemeinwohl sind.

Die bevorstehende „Revolution der Herzens" kann nur freiwillig und auf dem Weg der besseren Einsicht des Einzelnen erfolgen. Es braucht also zur Verwirklichung der „Vision 21" nur das Umlegen des einen Hebels in unseren Herzen: Jener „Klick", der unser Leben von der bipolaren Kraft der Kernspaltung auf die all-eine Energiequelle der Kernfusion umstellt. Dann wird, heller noch, als die irdische Sonne über uns, das Licht der Liebesonne in uns und durch uns erstrahlen.

Konkurrenz: ein „Naturgesetz"?

Die (Darwin`sche) Mär, dass das Konkurrenzprinzip, als vermutetes Grundprinzip der natürlichen Biosphäre, auch als philosophisches System für die menschliche Gesellschaft Geltung haben müsse, manifestiert noch heute die Doktrin eines völlig ungerechten Welt-, Gesellschafts- und Wirtschafts-Systems, das es zur Befreiung des Lebens auf der Erde zu überwinden gilt.

Der Mensch wird nicht durch seine Gene zum Egoisten oder unsozialen Wesen, sondern durch frühkindliche Konditionierung und Mangel an Liebe erst dazu gemacht. Es mag sein, dass sich das Konkurrenzstreben dem Menschen durch jahrtausendlange

Übung auch als genetisches Grundmuster eingeschrieben hat, doch im Grunde ist es vielmehr ein schon frühkindlich durch Spiel- und Sport-Wettbewerb antrainiertes gesellschaftliches Verhalten, das durch besseres Erkennen korrigiert werden kann. (Denn alle Persönlichkeitsverzerrungen der Erwachsenen gehen auf frühkindliche Konditionierungen zurück, die nicht ein „gottgegebenes Schicksal" – sondern letztlich der ganz persönliche Weg des Menschen zu seiner Befreiung sind).

Indem man ein Kind nicht annimmt wie es im Grunde ist, sondern formt, wie man es aufgrund der eigenen Konditionierungen haben will, nimmt man dem Kind das Urvertrauen. Bereits hier sind die Wurzeln für die unbewusste Annahme gelegt, anders als man ist und „besser" als die Anderen sein zu müssen, um geliebt zu werden. Es wundert nicht, dass in der Folge diese anerzogene „Schizophrenie" dazu führte, dass der Mensch sich fern von sich selbst, seinen Mitmenschen und getrennt von Gott wahrnimmt. Der schnellste Weg der Befreiung des Menschen aus diesem Dilemma ist, sich bedingungslos und ohne wenn und aber als geliebt anzunehmen, so wie man ist. Diese grundlegende Lebenserfahrung wird man in einer Gesellschaft, in der eigentlich alle Menschen mit ähnlichen Mustern frühkindlicher Programmierung konfrontiert sind, kaum im Außen finden, weil nur Derjenige einen Anderen wirklich annehmen und lieben kann, der sich selber als vollkommen angenommen und geliebt erfährt. Nein, nicht von Anderen ist diese Selbstsicherheit existenzieller Lebensbejahung zu bekommen, der man von Kindesbeinen an vergeblich hinterherlief. Man findet sie durch die lebendige Erfahrung der Gegenwart der Liebe Gottes nur in sich selbst.

Der Bewusstseinsprozess des Erwachens (aus der Scheinwelt des „Konditionierten Ichs" in die Höhere Wirklichkeit des seelischen Selbstes) verändert die Sicht auf die Welt und die Selbstwahrnehmung völlig. Es wird klar, dass das konkurrente Denken und Streben nach immer mehr materiellem Besitz, nur Ersatzbefriedigung war, die den Hunger nach Liebe nicht wirklich stillen konnte. Der Versuch der Kompensation durch ein „Besser-als-die-Anderen-Sein" bringt zwangsläufig das Erleben des „Schlechter-als-die-Anderen-Sein" mit sich. Das Geltungsstreben der „Gewinner" erzeugt ungleich viel mehr „Verlierer". Die überwiegende Mehrheit der Menschheit muss zunehmend mehr verarmen, um damit einigen Wenigen zu immer größerem materiellem Reichtum zu verhelfen, (ohne dass diese dadurch allerdings je ihr Urbedürfnis nach Liebe und wahren Werten wie Freude und Zufriedenheit wirklich erfüllen könnten). Im Unterschied zu den Doktrinen der Vergangenheit wird der Neue Mensch sein Weltbild nicht mehr auf das Prinzip der Konkurrenz stützen. Dies derzeit noch herrschende Weltprinzip der evolutionstheoretischen Vorstellung von einer „natürlichen Selektion", die dem Stärkeren das Recht und die Macht über die Schwächeren gäbe, wird durch das kosmische Gesetz der Resonanz und das Gegenseitigkeitsprinzip komplementärer Ergänzung ersetzt werden.

Wir werden erkennen, dass die Ursache dieses Konkurrenz-Denkens nur eine perfide Konditionierung war, die kein anderes Ziel als unsere Selbstentfremdung hatte. Das Spiel "Mensch ärgere Dich nicht" gehörte nach ganzheitlicher Sichtweise eines erwachten Bewusstseins eigentlich verboten (wenn dieses erwachte Bewusstsein nicht zu der Reife gelangt wäre, Jeden in seiner Eigenverantwortung zu belassen und Niemandem vorzuschreiben, was er zu tun oder zu lassen hat). Jedenfalls ist das "höher, schneller, weiter..." ein Relikt des vergangenen Jahrtausends. Das Neue Spiel des 21. Jahrhunderts heißt: "Mensch freue Dich".

Im Gegensatz zum gesellschaftlichen Konkurrenzprinzip, den Anderen beherrschen zu wollen (ihn zu übertreffen, besiegen und zu schlagen), wird man nun danach streben, dem Anderen zu dienen, weil man als Selbstverständlichkeit erkennt, dass unser aller Leben derselben Quelle entspringt.

Die Erkenntnis der geistigen Gesetzmäßigkeit der Liebe, dass, wer seinen Mitmenschen Gutes tut, sich selber Gutes tut – und dass, wer Jemanden schädigt, sich selbst Schaden zufügt, wird eine ganz neue Form von „Wettbewerb" entstehen lassen, der die Herzen erwärmen und die Erde zum Paradies umgestalten wird.

Die Verwirklichungskraft der Vision

Längst hat die moderne Psychologie erkannt, dass die zentrale Motivation des menschlichen Wesens auf Zuwendung und konstruktiven zwischenmenschlichen Beziehungen beruht. Der soziale Kontakt und ein liebevoller Umgang miteinander (in familiärer wie in gesellschaftlicher Hinsicht) ist ein existenzielles

Grundbedürfnis. Beständige Zufriedenheit und soziale Sicherheit werden letztlich nicht durch wettbewerbliche Erfolge - sondern nur durch verlässliche und vertrauensvolle Beziehungen geschaffen. Der Antrieb des Lebens ist nicht der Konkurrenzkampf, sondern Kooperation und Erfüllung in gegenseitiger Unterstützung im Licht der Wahrheit, Liebe und Freude.

„Liebe" ist mehr als nur ein Wort: es ist ein Wert, der gesellschaftlich schnellstmöglich höher bewertet werden sollte als die Aktienkurse an den Börsen: „Frieden" in der Welt als Frucht der „Liebe" unter den Menschen. Dort, wo man die Freude und den Erfolg der anderen sucht, können alle nur gewinnen.

Das Bruttosozialprodukt der Welt würde (– ohne die jetzigen Flurschäden der rücksichtslosen Ausbeutung der Erde -) rasant wachsen. Dann würde uns auch die Absurdität des gegenwärtigen materialistischen Arbeitsbegriffes deutlich werden, der die Menschen knechtet, anstatt ihre Kreativität durch innere Beteiligung zu erschließen. Wenn nicht mehr nur das als Arbeit definiert würde, wofür sich jemand zeitweise fremdbestimmen lässt, um in den Genuss einer materiellen Entlohnung zu kommen, sondern ebenfalls alle Tätigkeit, die von gesellschaftlichem Nutzen ist und der klimatischen Verbesserung der Atmosphäre dient, wäre niemand mehr arbeitslos. Entkoppelt von dieser Lebenszeit verkaufenden Lohnabhängigkeit (weil jeder Mensch ohnehin alles, was er zum Leben bräuchte, bedingungslos erhielte) - ginge es in eigenverantwortlicher Tätigkeit nun nicht mehr um kurzfristigen Profit einer Minderheit, sondern um den Nutzen aller. Bald würden wir einsehen, dass es im verwilderten Garten Eden wahrlich genug zu tun gibt.

Selbst wenn dieses Ideal eines liebevollen Umgangs mit sich selbst, den Anderen und allem Leben auf diesem Planeten – im derzeitigen Stress eines weitgehend fremdbestimmten Denkens und Handelns - noch weltfremd erscheinen mag, wird es sich unter dem Druck der Ereignisse (Klimawandel, Zusammenbruch des monetären Weltwirtschaftssystems …) mit Nachdruck Geltung verschaffen. Je schneller und bewusster das alte System der Unzivilisiertheit abgewickelt – und die höhere geistige Realität anerkannt wird - umso geringer und überschaubarer werden die Folgen des bevorstehenden

Zusammenbruchs des auf Sand gebauten Weltgebäudes für die Menschheit und das Leben auf der Erde sein. Um nicht die Grundlage seines irdischen Lebens und seine materielle Basis vollends zu verlieren, wird sich der Mensch auf beständigere Werte und sein höheres Wesen besinnen müssen, will er nicht in die Steinzeit zurück.

Wenn der Leidensdruck durch die Folgen des alten Konkurrenz- und Macht-Systems groß genug sein wird, erkennt der Mensch der globalisierten Erde des 21. Jahrhunderts, dass sein Wohl untrennbar mit dem Wohl Aller verbunden ist. Dann endlich ist er für die Verwirklichung einer Vision bereit, die für die Zukunft des „Neuen Menschen" auf der „Neuen Erde" taugt.

Wie wird die neue gesellschaftliche Wirklichkeit aussehen, die sich aus den Trümmern der trüglichen Systeme und Doktrinen der vergangenen unzivilisierten Menschheitskultur wie Phönix aus der Asche erheben wird?

Es werden sich die Verirrungen eines unzivilisierten, asozialen Denkens vergangener Jahrhunderte in allen Bereichen der menschlichen Gesellschaft als Krebsgeschwüre erweisen, die es in der nun erlangten höheren Bewusstseinsreife - dem Gebot der Nächstenliebe folgend – jetzt zu heilen gilt.

Eine der Erkenntnisse aus der schmerzlichen Erfahrung des Zusammenbruchs der (derzeit noch herrschenden) Diktatur des Kapitals wird sein, dass nicht der Mensch dem Geld, sondern das Geld dem Menschen zu dienen hat.

Nach dem Kollaps des profitorientierten, pharmazeutischen Gesundheitssystems (welches vielmehr ein „Krankheitssystem" war, das milliarden Menschen aus kommerziellen Interessen in Abhängigkeit brachte) wird der Schluss zu ziehen sein, dass die bisherige gesellschaftliche Verdrängung von Krankheit und Tod zu einem menschenunwürdigen Umgang mit den Alten und Kranken geführt hat. Die zivilisierte Menschengemeinschaft wird die Krankheit eines Menschen als ihre eigene erkennen und im Einklang mit den Heilungskräften des Geistes und der Natur zu heilen wissen. In transzendentaler Erkenntnis des unsterblichen Lebens wird der Tod seinen Schrecken verlieren.

Auf der Suche nach einer gesellschaftlichen Ethik, die nicht Macht und Profit, sondern Liebe, Wahrheit und Freude in den Mittelpunkt stellt, wird sich kaum eine bessere Grundlage als die „Brüderlichkeit" finden lassen. Bislang wurde versucht, die

Parole der Französischen Revolution: „Freiheit, Gleichheit, Brüderlichkeit" in Teilen zu verwirklichen: „Gleichheit" (ohne Freiheit) im Kommunismus; „Freiheit" (ohne Gleichheit) im Kapitalismus. Doch unternahm man bislang noch nie in der Menschheitsgeschichte den Versuch, die „Brüderlichkeit" als Gesellschaftsform Gleicher in Freiheit zu verwirklichen.

Die Brüderlichkeit (die natürlich auch eine „Schwesterlichkeit" ist) ist eine Herzensbeziehung, die nicht nur darauf beruht, dass die Gene aller Menschen tatsächlich auf ein einziges Elternpaar zurückzuführen sind, sondern vor allem auf der Erkenntnis, dass wir alle Kinder Gottes sind.

Wenn dies dem Weltsinn derzeit auch noch utopisch erscheinen mag: ohne das Prinzip der Brüder- und Schwesterlichkeit wird es keine Weltordnung von Bestand geben können.

Erst wenn wir – nicht nur mit dem Kopf sondern mit dem Herzen erkennen - dass es untrennbar EIN Leben ist, das in uns allen lebt, werden wir zu verstehen beginnen, dass wir das, was wir unserem Bruder zufügen, uns selber antun; dass wir das, was wir für unseren Bruder tun, für uns selber tun. Dann erst wird die Brüderlichkeit die Menschen wirklich zu Geschwistern machen – als wahrhafte Kinder (und Erben) Gottes. Dann endlich kann der Himmel auf die Erde herab kommen und ein wahrhaft Neuer Mensch diesen wunderbaren Ort im All bewohnen.

Das Ziel der Evolution des Bewusstseins, die seit Ewigkeiten an der materiellen, vitalen und mentalen Entwicklung dieses Planeten wirkt, ist die Kultivierung der Menschheit zu einem liebevollen Umgang miteinander im Dienst an der Weltnatur, damit Gott vermenschlicht – und der Mensch vergöttlicht wird.

Jetzt, an der Wegkreuzung des 21. Jahrhunderts, scheint die Verwirklichung dieses Zieles noch unendlich weit entfernt. Doch dürfen wir darauf vertrauen, dass uns bei der Realisierung dieser Vision, die den Weltfrieden des Neuen Zeitalters mit sich bringen wird, die Liebe Gottes in unseren Herzen und alle Mächte des Universums beistehen werden.

Wenn die Menschheit doch endlich erkennen wollte, dass es wahr ist, was die Seher zu allen Zeiten gesehen, die Lebendigen im Geiste erleben, und die Gläubigen in sich als Wirklichkeit erfahren: Gott lebt! Gott lebt nicht irgendwo über den Sternen – sondern im Zentrum des Herzens jedes Einzelnen! Denn nur dann ist es der Liebe Gottes möglich (weil sie die Willensfreiheit Ihrer Kinder über alles achtet), das Karma der Menschheit zu heilen, wenn diese bereit ist, diese Heilung auch anzunehmen. Erst dann kann die Freude der Gegenwart und die Gegenwart der Freude beginnen.

Doch der Heilige Geist der Liebe Gottes wartet nicht untätig auf die bessere Besinnung Jener, die nur das für wahr halten, was man sehen oder anfassen kann. Bereits jetzt ist Er überall in der Welt dabei, das persönliche Leben Einzelner durch besseres Erkennen auf wunderbare Weise zu verändern. In allen Kulturkreisen wächst in immer mehr Menschen das Bewusstsein der göttlichen Gegenwart - auch und gerade an finsteren Orten der Not, Vertreibung und des Krieges. Durch die Pforte ihrer Herzen finden sie Zugang zu den helleren Räumen ihrer Innenwelten. Durch die erwachende Liebe in ihnen erweckt der lebendige Liebegott auch ihr persönliches Umfeld – und auf diese Weise mehr und mehr die ganze Welt.

Dem Erkennen des Menschen steht bevor, dass der Grund für das Elend der Welt seine Gottferne ist. Dieses Erkennen ist die Voraussetzung für die Entwicklung des Bewusstseins zu seiner Göttlichkeit: dass er sich seines seelischen Wesens und der Gegenwart Gottes erinnert. Erst dann kann ihm der Schleier von den Augen genommen werden, und erst dann kann der Heilige Geist ihn zu seiner fassungslosen Freude gnädig aus seinem Irrtum befreien.

Die Verwirklichung

Wenn der getrennte Kopf und das verleugnete Herz im Menschen wieder zusammenfinden würden, endeten abrupt die Kriege und alle Versuche gegenseitiger Übervorteilung und Ausbeutung. Es würde dem Menschen klar, dass nur ein Erwachen zu höherem Bewusstsein vor den erdbewegenden Katastrophen retten kann, die ein Beharren des unmündigen Kindes auf seine illusorische Scheinwelt zur sicheren Folge hätte. Wie Schuppen wird es ihm von den Augen fallen, dass nur die gelebte Liebe das Klima, die Natur und ihn selbst retten kann.

Das ganzheitliche Wesen des Menschen aus der Knechtschaft seines konditionierten Verstandes zu erlösen und in die Freiheit des Geistes zu erheben, vermag allein die Kraft der Liebe. Doch erst wenn der Mensch sein Herz auf Empfang stellt, kann die

Liebe ihn vervollkommnen. Zunächst muss das Gefäß des Herzens aller egoistischen Eitelkeiten leer werden, bevor die Liebe in ihm Raum finden kann. Denn des Menschen Herz ist der Tempel der Liebe Gottes.

Darum: Raus mit den Ängsten, wahnhaften Vorstellungen von Isoliertheit, dem weltlichen Gerümpel und den Abhängigkeiten von scheinwerten Dingen, denen blind zu dienen wir schon als Kinder konditioniert wurden. Wenn eine Seele in ihrem Herzen endlich bereit ist, den Beistand der Liebe zu erbitten und ihr die Führung über den weiteren Reifeweg anzuvertrauen, befähigt sie die Liebe, in ihr Vollkommenheit zu wirken. Erst dann kann die göttliche Liebekraft uns und diesen geschundenen Planeten heilen und uns als Kinder des göttlichen Vaters und der Mutter Erde wahrhaftig zu Geschwistern machen. Denn nun - da der Mensch die Liebe zur Herrschaft erhebt - wird er sich seines göttlichen Ursprungs bewusst.

Jetzt erst kann der Mensch – anstatt sich als materialistische „Gesellschaft mit beschränkter Haftung" zu verstehen - eine neue menschliche Kultur und Wissenschaft gründen und selbstverantwortlicher Gestalter und Mitschöpfer des Planeten sein. Ja, der Mensch, der mit den Augen der Liebe sieht, wird seine Verantwortung für den jetzigen Zustand der Welt und die Heilung der geschlagenen Wunden erkennen, die er in seiner Blindheit der Kreatur schlug.

Wenn wir, anstatt weiterhin aus der beschränkten Sicht unserer persönlichen Vorteilnahme zu agieren (Erfolg durch die Benachteiligung Anderer), der Liebekraft Gottes vertrauen, dann wird es wahrhaft geschehen: wir werden das Heil finden. Und wenn vielleicht auch nicht sogleich für den ganzen Erdball, so doch zumindest in uns.

Anstatt der Zwiespältigkeit eines bipolaren Denkens nun Eins geworden mit sich Selbst und Allem – ist der Mensch in der Kraft der Liebe jetzt zu einem gesegneten Wirken befähigt, das zweifellos die baldige Rückkehr des Paradieses auf Erden zur Folge haben wird.

„Haben wir diese innere Sonne einmal verspürt,
diese Flamme, dieses lebendige Leben (…),
dann verändert sich alles."
(Sri Aurobindo, „Savitri")

Je heller der göttliche Liebe- und Geistfunke im Herzen des Herzens zur Sonne der Seele aufgeht, umso mächtiger wird uns die Liebe zu Helfern Ihres Erlösungswerks machen – und zu Bewohnern des Himmels auf Erden.

Dann wird sich der Mensch nicht mehr zum Übermenschen aufschwingen wollen, sondern der Geist der Wahrheit sich Selber in den Menschen hinabschenken. Wenn sich die Menschheit diesem Geist, der über aller irdischen Vernunft ist, öffnen wird, öffnet sich das noch verschlossene Tor zum Garten Eden wieder.

> *„Wenn aber jener, der Geist der Wahrheit,*
> *kommen wird, wird Er euch in alle Wahrheit leiten."*
> (Johannes 16,13)

Je mehr wir mit den Augen der Liebe sehen, mit den Ohren der Liebe hören, mit den Gedanken der Liebe denken und mit dem Willen der Liebe wollen, umso mächtiger kann die Liebe in uns und durch uns tätig werden. Durch die Gedanken und mit den Händen der Liebenden wird die Liebe selbst – durch UNS – das Heil wirken. Denn in den Liebenden nimmt Gott Selber heilige Einwohnung im Tempel ihrer Herzen. Wenn die Liebe Gottes unsere Herzen mit Sich erfüllt, erkennen wir den wahren Grund unseres Wesens und Seins: Wir sind nicht nur Boten der Liebe, sondern als Kinder der Liebe selber Liebe. Je mehr wir die göttlichen Liebekraft in und durch uns wirken lassen, umso heller wird es in uns und der Welt. Dann werden wir erkennen, dass unsere Seelen wertvoll sind, weil sie als Wesensteile Gottes vollkommen von Gott geliebt sind.

> *„Lehre nur Liebe, weil du nur Liebe bist."*
> (Ein Kurs in Wundern, 6,13,2)

So lasst uns also vertrauensvoll allen Zweifel aufgeben, der uns von der lebendigen Erfahrung trennt, dass wir über alle Welt hinaus geliebte Wesen sind. Dann werden wir das Heil in uns finden und durch die Liebe dieses Heil auch in unserer Außenwelt wirken. Indem ich beginne, mich im Anderen zu sehen und seinem Heil zu dienen, wird mit seiner und meiner eigenen Heilung auch die Welt heil werden.

Wenn jeder allen dient, wird dies politisch, wirtschaftlich und gesellschaftlich die großartigsten sozialen, kulturellen und ökologischen Ergebnisse zeitigen. Dort, wo alle einander in Liebe zum gemeinsamen Einen einander hilfreich sind, wird die Heilung des Planeten Erde bewirkt.

Im Vertrauen, dass der Ursprung alles Seienden unsere umnachteten Seelen erleuchten – und auch den dunklen Planeten Erde zu einem Ort des Heils vollenden wird, dürfen wir der kommenden Zeit freudig entgegensehen.
Nur gemeinsam können wir die Erde zum Ort des Friedens und der Vollkommenheit machen.

DIE MENSCHHEIT IM 21. JAHRHUNDERT

Die Evolution des Bewusstseins

Nach abermilliarden Kreisen des Planeten Erde um die Sonne, brachte das Leben in schrittweiser Vorbereitung nach göttlichem Plan endlich den Menschen hervor. Die Evolution des Bewusstseins hatte bis dahin geduldig zuerst die materielle Basis für die vitalen Reiche der Pflanzen und Tiere geschaffen, um dann das Mental im Menschen zu wecken. Dabei hat der göttliche Plan nichts dem Zufall überlassen. So verwundert es nicht, dass der Körper des Menschen das entsprechungsreiche Abbild der Erd-Evolution ist:

> *„Deshalb haben wir auch ca. 70 % Wasser in unserem Körper, genauso wie wir ca. 70 % Wasser auf der Oberfläche unseres Planeten Erde vorfinden. Genauso finden wir auch 1 % Salz in unserem Körper vor, genauso wie auf dem Planeten Erde. Auch Gold oder irgendein anderes Spurenelement finden wir interessanterweise zu gleichen Teilen auf der Erde vor, wie in unserem Körper auch. Das ist Mikrokosmos – Makrokosmos."* (der Biophysiker Peter Ferreira)

Doch eins ist sicher: Die Evolution des Bewusstseins hat sich nicht wegen des Mentals, wie es sich bis zum heutigen Tag in der Menschheit verwirklicht hat, die milliarden Jahre lange Mühe gemacht. Das Ziel der Bewusstseins-Evolution ist zweifellos ein wesentlich höheres als nur die Entwicklung des Verstandes, wie er sich heutzutage in der menschlichen Gesellschaft manifestiert hat. Die „Krone der Schöpfung" ist noch lange nicht erreicht, denn die derzeitig realisierte Verstandesebene stellt nur die unterste Sprosse der geistigen Bewusstseinsleiter dar, die ihrer – dem Menschen noch weitestgehend unbekannten mentalen Verwirklichung – erst noch entgegensieht.

Oberhalb des Verstandes folgen auf den Sprossen der Leiter der menschlichen Intelligenz die mehr und mehr erleuchteten Geisteszustände, die Sri Aurobindo in aufsteigender Reihenfolge das höhere Mental, das illuminierte Mental, das intuitive Mental und das Übermental (Supramental) nennt.

„Das Bewusst-Werden
ist der eigentliche Sinn der Evolution."
(Aurobindo, "Das Ideal einer geeinten Menschheit")

Der Mensch ist nach dem göttlichen Plan der Evolution des Bewusstseins dazu berufen, das Bindeglied zwischen Himmel und Erde zu sein. Doch anstatt seine Seele zu vergeistigen, vergrub er sie bis heute nur immer tiefer in die Stofflichkeit der Materie hinein.

Vor tausenden von Jahren wussten die alten Inder über das Seelenwesen des Menschen weit mehr, als es sich der Mensch der Moderne heute gemeinhin vorstellen kann. Das heutzutage nur noch den wenigsten Menschen bewusste Seelenwesen ist - analog zur evolutionären Entwicklung der Erde - mit Bewusstseinszentren ausgestattet, die vom untersten Wurzelchakra (zwischen Anus und Genital) bis zum obersten Scheitelchakra (oberhalb des Kopfes) die materiellen, vitalen und mentalen Bewusstseinsphasen der Erdentwicklung repräsentieren. Bei diesen Bewusstseinszentren der Seele handelt es sich nicht um eine Theorie, denn sie sind als unsere feinstofflichen Organe etwas, was jeder in sich selbst als sein eigentliches Wesen lebendig erfahren kann.

„Auf der Höhe des Herzens, jedoch hinter dem vitalen Herzzentrum, welches das Psychische imitiert und überlagert, gewahren wir eine Konzentrationssphäre, intensiver als die anderen und gewissermaßen ihr Sammelpunkt: das psychische Zentrum."
(Satprem, „Das Abenteuer des Bewusstseins")

Der Weltmensch
Seit der göttliche Geist dem Menschen den Odem des Lebens einhauchte und ihm Sprache und harmonikales Verständnis schenkte, hat sich der Menschheitsstammbaum weit verzweigt. Wohin steuert der Mensch den Planeten Erde im globalisierten 21. Jahrhundert? Derzeit gibt es keine Übereinkunft über die Richtung des Weges. Man könnte meinen, das Steuerrad des Raumschiffs Terra sei unbesetzt und das Weltschiff treibe ziellos durchs All.

Das menschliche Individuum ist eine Zelle im Körper des einen Menschen, der diesen Planeten bewohnt. Solange die Organe dieses großen Menschen im Streit liegen und die einzelnen Zellen sich in Konkurrenz zueinander befinden – anstatt konstruktiv zusammen zu wirken – ist die Menschheit noch weit entfernt von Frieden und Harmonie. Erst wenn dieser selbstvergessene Gigant, der die Erde heute wie ein tumber Riese drückt, sich auf sein wahres Wesen besinnt, wird der Mensch zu Bewusstsein kommen. Die Vorstellungen, die er von sich selber und der Welt hatte, werden sich als Illusionen erweisen, wenn er wie ein Betrunkener aus seinem Rausch erwacht und endlich den göttlichen Grund seines Daseins erkennt.

Die Globalisierung

Der einst so groß scheinende Planet Erde ist klein geworden. Längst ist der Globus per Radio-, Television- und Internet globalisiert. Insbesondere die „Global Player", Banken und Erdöl- und Pharmakonzerne, erschlossen sich im Laufe der letzten 250 Jahre die Welt als globalen Markt. Nicht mehr nationale Regierungen bestimmen die gesellschaftlichen Regeln der heutigen Zeit, sondern die Profitinteressen multinationaler Konzerne. Sie sind es, die derzeit die Regeln diktieren, nach denen das „Spiel der Welt" gespielt wird. Insbesondere die petrochemischen Konzerne weckten künstliche Bedürfnisse und zwangen den Staaten Produktions-, Gesundheits- und Verkehrs- Systeme auf, die wesentlich den bedenklichen ökologischen Zustand der Erde bedingen. In weniger als zweihundert Jahren (nur ein Augenblick der Erdgeschichte) wurden Abhängigkeiten und eine Bewusstseins-Haltung erzeugt, die der Menschheit nie zuvor bekannt waren. Gleichzeitig bewirkt die Strategie der weltlenkenden Konzerne eine massive Unterdrückung ganzheitlicher Ansätze, wie beispielsweise das Wissen um alternative Energien, die Naturheilkunde oder die Erkenntnis der inneren Reiche des Seins.

Das Problem einer Gesellschaft, in der das Kapital herrscht, hatte schon Platon vor 2400 Jahren erkannt:

„Anstatt nach Weisheit, Gerechtigkeit und höheren Werten strebt man nur nach materiellem Gewinn."

Was damals im kleinen Maßstab für die griechischen Stadtstaaten galt, gilt heute in potenzierter Weise für die Menschheit der globalisierten Welt. Die individuelle Gewöhnung an ein in der Geschichte der Menschheit nie dagewesenes, materielles Anspruchsdenken erschwert die notwendige Kurskorrektur des noch herrschenden materialistischen Gesellschaftssystems. Diese Materialisierung des Bewusstseins wirkt eine zunehmende Entfremdung des Menschen von seinem inneren Wesen. Anstatt mit Gemeinsinn – zum Vorteil aller – das Wohl der Menschheit und des Lebens auf der Erde zu suchen, streben fast alle nur noch nach kurzfristigem materiellen Gewinn, der schließlich doch zwischen den Fingern zerrinnt. Zu welchem Preis? Ein Drittel aller Lebewesen sind akut vom Aussterben bedroht. Die horrenden Szenarien entfesselter Naturgewalten sollten wachrütteln und die menschliche Gesellschaft zur Korrektur des eingeschlagenen Weges bewegen. Aber die persönlichen und nationalen Egoismen verhinderten bis jetzt noch immer ein entschlossenes Handeln aus besserer Einsicht. So scheint die geistmenschliche Urkultur in nur einem Augenaufschlag der Geschichte ihrer Jahrtausende alten Wurzeln beraubt. Wenn auch in Wirklichkeit ein Verlust der Geistigkeit des Menschen unmöglich ist, so vergaß er sich doch immerhin soweit, dass er einen schlechten Traum für die Realität hält.

Die Herrschaft des Kapitals
In Folge des monetären Zinssystems sind die Staaten der Welt in fatale Abhängigkeiten geraten: Die Völker sind der Herrschaft des Kapitals mit einem Großteil ihres Bruttosozialprodukts tributpflichtig geworden. Da diese Zinsleistung aber keine reale Wertschöpfung darstellt, muss sich das Konsumrad der Volkswirtschaften immer schneller drehen. Weil dieses System stetig expandierenden Konsum bedingt, paktieren die Regierungen der Industrie-Nationen mit den Lobbys der Weltwirtschaft. Diese fordern die Verbrauchermentalität aus kurzsichtigen Profitinteressen zu immer unverhältnismäßigeren Ansprüchen heraus. Es *muss*

immer *mehr* konsumiert und *mehr* Energie verbraucht werden, um den Zinstribut zahlen zu können. Ohne das bereits fest eingeplante Wirtschaftswachstum werden die Staatshaushalte unter der Zinslast ihrer Verschuldung bald zusammenbrechen. Mit aber auch. Denn ein jährliches Wirtschafts-Wachstum von nur 2 % bedingt bereits nach 19 Jahren eine Verdopplung der gesamten Volkswirtschaft: doppelt so viele Maschinen, doppelt so viele Produkte und doppelt so viel Verkehr auf den Straßen und doppelt soviel Ressourcen- und Energieverbrauch (Indien und China haben derzeit zweistellige Wachstumsraten). Nicht allein, dass dieses System der entscheidende Faktor für die Klimaänderungen ist, bewirkt es zunehmend ein rasantes immer Schnellerwerden der Zeit. Dieser Teufelskreis hat nicht nur ein immer materieller werdendes Bewusstsein der Menschheit zur Folge, sondern bringt zwangsläufig auch eine immer schneller fortschreitende Zerstörung des Ökosystems mit sich. Wenn nicht endlich die Umwertung der Werte – hin zu erstrebenswerten Zielen wie Wahrheit, Liebe und Freude – in den Mittelpunkt der politischen Entscheidung rücken (derzeit noch ein utopisch scheinender Wunsch), steht zu befürchten, dass die Hypothek auf die Zukunft unbezahlbar wird.

Die Folgen der Weltwirtschaft
Solange Begriffe wie „Wirtschaftlichkeit" und „Rentabilität" nach kurzfristigen Profiten definiert, und die Erfolge der Manager nach Kriterien einer fiktiven Wertsteigerung von Aktienpapier bemessen werden, (das sich an einem kommenden „Schwarzen Freitag" in Nichts auflösen wird), betrügt man sich selbst und raubt den kommenden Generationen die Zukunft. Längst wurde der Materialismus zur Ersatzreligion und die vermeintlichen Garanten des Fortschritts wurden zu deren Hemmern. Aus dem Wahn eines unbegrenzten Fortschritts der industriellen Revolution erwuchs die Mentalität „Nach uns die Sintflut".
Der kühne Versuch einer technischen „Domestizierung der Natur" geht mit unerwarteten Folgen einher: die Pole schmelzen, Flüsse versiegen… Schon jetzt hat die geschichtlich größte Völkerwanderung von Umweltflüchtlingen begonnen, die in einer zunehmend lebensfeindlichen Heimat weder Wasser noch Nahrung finden. Dass es hier zuerst die Ärmsten der Welt trifft, die am wenigsten zu dieser Entwicklung beigetragen

haben, ist ein schreiendes Unrecht, das jedoch umso heftiger auf die Hauptverursacher zurückfallen wird, je länger sie ihre Verantwortung verdrängen. Die ohnehin nicht zu beziffernden Kosten dieser Hypothek auf die Zukunft werden mit jedem Tag des Hinauszögerns einer systemverändernden Kurskorrektur ins Unermessliche steigen. Doch wie auf Schienen rollt die vor Jahrhunderten auf den Weg gebrachte „Weltverschwörung des Kapitals" und bewirkt mit der Diktatur des Geldes die Konditionierung des Menschen und seine Entgeistigung und Entherzigung. Ist diese Entmenschlichung des Menschen etwa das Ziel eines perfiden schwarzmagischen Plans? Wer dort tiefer eintaucht, wird schier unglaublich scheinende Zusammenhänge entdecken, die jedoch nicht wirklich Thema dieses Buches sind.

Es ist also das materialistische System der globalisierten Weltwirtschaft, das die Zivilisations- und Umweltprobleme des 21. Jahrhunderts auf fatale Weise bedingt. Es impliziert die Logik des programmierten Untergangs, der nicht mehr durch Reform der Reformen aufgehalten werden kann, sondern nur noch durch eine grundlegende Ablösung des Systems durch ein herzzentriertes Sein. Doch obwohl vielen Politikern die Dringlichkeit des Handelns bewusst ist, vermeiden sie unpopuläre Maßnahmen in der kurzen Frist bis zur nächsten Wahl, weil sie den Verlust der Macht fürchten. So streut man sich selber und den Wählern weiterhin Sand in die Augen und tanzt auf dem Vulkan. In logischer Konsequenz wird das herrschende System der globalisierten monetären Zins-Wirtschaft in exponentieller Dynamik wenige Reiche immer reicher und immer mehr Arme immer ärmer machen. Nicht von ungefähr war die Zinsnahme in allen Weltreligionen verboten. Die eskalierenden Auswirkungen dieser „zivilisatorischen" Zuwiderhandlung sind, dass der Mensch zum Konsumsklaven eines Wirtschafts-Systems wurde, das die Natur schändet und die Mutter Erde und alles Leben auf ihr in Haft nimmt. Das Pferd wird schließlich zwangsläufig zu Tode geritten und die Lebensgrundlagen auf der Erde zerstört werden.

Politik und Weltmacht-Streben
Das politische System der Demokratie, über das schon die alten Griechen philosophierten, wird als die beste – und zugleich die

schlechteste Staatsform angesehen. Immer wieder wurden in der Menschheitsgeschichte – oft mit verheerenden Folgen – Alternativen ausprobiert.

Demokratie ist (zumindest theoretisch) die beste Staatsform, weil sie jeden Bürger des Staatswesens als freies, gleiches und stimmberechtigtes Mitglied der Gesellschaft definiert und diesen Status politisch und sozial gesetzlich garantiert; die schlechteste Staatsform deshalb, weil die Gewalt der Mehrheitsentscheidung nur selten das wählt, was wirklich gut ist, sondern meist jenes nur, was der Mehrheit kurzfristig einen scheinbaren Vorteil bringt. Es ist der fatale Zug zur Mittelmäßigkeit, der das Verhalten der Massen kennzeichnet (siehe Gustave Le Bon, 1841 – 1931). Die Verführung der Politiker zu einem Verhalten, dass sich nicht mehr nach Ethik, Moral und Menschlichkeit richtet, sondern nach den aktuellen Umfragestatistiken, ist groß. Es gehört leider zur Normalität der herrschenden politischen Systeme, dass sich das Denken und Reden der Politiker von ihrem Tun unterscheidet.

> *„Wenn die Worte nicht stimmen, stimmen die Begriffe nicht. Wenn die Begriffe nicht stimmen, wird die Vernunft verwirrt. Wenn die Vernunft verwirrt ist, gerät das Volk in Unruhe. Wenn das Volk unruhig wird, gerät die Gesellschaft in Unordnung. Wenn die Gesellschaft in Unordnung gerät, ist der Staat in Gefahr."* (Konfuzius)

„... und die ganze globale Weltordnung." möchte man ergänzend hinzufügen.

Das globalisierte 21. Jahrhundert strebt einer neuen Weltordnung zu. Von den Kräften, die erklärtermaßen auf die Weltherrschaft zielen (Kapitalismus, Kommunismus, Islam...), wäre eine übergangsweise Weltdemokratie vielleicht nicht die schlechteste der Optionen. Allerdings nur, wenn sie eine ethische Zielsetzung hätte, die nicht nur kurzfristigen Profit, sondern neben dem Gemeinsinn auch das seelische und geistige Heil der Weltbürger suchte. Die zweifellos beste Regelung gesellschaftlicher und individueller Ordnung wäre jedoch die Anerkennung der Eigenverantwortlichkeit des Menschen, die jedes Machtsystem erübrigen würde. Jeder Mensch ist verantwortlich – nur für sich selbst. Dies impliziert die Verantwortlichkeit gegenüber dem Gemeinwesen.

VOM GLAUBEN ZU WISSEN

Wissen versus Glauben

„Glauben heißt `nicht Wissen´, besagt eine sprichwörtlich gewordene Redewendung. Doch scheint oft genug auch den „Wissenden" ihr Wissen kaum mehr als ein Glaube zu sein – wenn nicht nur bloße Vermutung. Viele Irrtümer in der Geschichte wissenschaftlicher Theorien zeugen davon. Während dieses vermeintliche Wissen gern mit „Realität" synonym gesetzt wird, bezeichnet es vielmehr die Tätigkeit des Verstandes, der sich zur Vernunft empordenkt. Der Glaube hingegen ist so etwas wie eine persönliche Gewissheit, die Einem aus tieferen Quellen des Bewusstseins erwächst, die man Anderen gegenüber jedoch nur deshalb als Glaube zum Ausdruck bringen kann, weil er eines Verstehens bedarf, das über den Verstand hinausgeht.

Zwar warten Wissenschaftler fast täglich mit neuen „sensationellen" Entdeckungen und Forschungsergebnissen auf: Astrophysiker observieren mit Satelliten-Augen und Radioteleskop-Ohren millionen Lichtjahre entfernte Welten und bestimmen auf die Millisekunde genau, vor wieviel milliarden Jahren etwa mit einem „Urknall" das All entstanden sein soll. Gentechniker und Gehirnforscher vermitteln den Eindruck, als finge man erstmals in der Menschheitsgeschichte zu verstehen an, wie das Leben wirklich beschaffen sei.

Aber zunehmend dringlicher stellt sich die Frage, ob „die Wissenschaft" des 21. Jahrhunderts, auf die die Menschheit als ihr vernunftgemäßes Navigationsinstrument vertraut, wirklich die Richtung des Weges kennt?! Hätte sie sonst nicht schon seit Jahrzehnten vor einer industriellen und gesellschaftlichen Entwicklung warnen müssen, die zwangsläufig zur globalen Klimakatastrophe führen muss? Doch erst, seit nicht mehr zu leugnen ist, dass die Erderwärmung und der Anstieg des Meeresspiegels als Folgen eines beispiellosen Raubbaus an den Ressourcen der Erde menschengemacht sind, überbieten sich die Forscher mit immer neuen Katastrophenmodellen und Simulationen eines apokalyptischen Klimawandels.

Man muss in diesen Tagen kein Prophet sein, um vorauszusehen, dass ein bloß materialistischer Anspruch an das zukünftige Gesellschaftssystem die Natur nicht nur noch mehr zerstören, sondern auch zu einer weiteren geistigen Verarmung der Menschheit führen würde. Immer mehr geriete sie in eine Entfremdung, aus der sie weder ihre Wissenschaften noch staatliche Konjunkturprogramme werden retten können, sondern allein das Erwachen der Liebe des verleugneten Gottes im Menschen.

Es ist nicht die Absicht dieser Schrift, die Leistungen der Wissenschaften zu schmälern. Nein, es wurden zweifellos großartige Entdeckungen und Erfindungen in ihrem Namen gemacht. Fraglos sind die angehäuften Informationen in den zahllosen Fachgebieten immens. Doch zumeist fehlt der belebende Geist, diese Informationen im Zusammenhang zu sehen und richtig zu deuten.
Die Anthropologie (von griechisch: ánthropos „Mensch" und lógos „Lehre") ist die „Wissenschaft vom Menschen". Sie will klären, was eigentlich der Mensch ist. Tatsächlich ist seit der Zeit der Aufklärung (etwa seit Mitte des 18. Jahrhunderts) nicht nur die Anthropologie gespalten, sondern die Wissenschaft ganz allgemein. Dieser Riss zieht sich nicht nur durch die Anthropologie, die er in eine biologisch-körperliche und in eine spirituell-philosophische Sichtweise teilt, sondern durch die gesamte moderne Wissenschaft.
Die Natur- und Geistes-Wissenschaften stehen sich scheinbar unversöhnlich gegen-über.
Während die Naturwissenschaften sich für die physikalischen und chemischen Verhältnisse des Universums und der Biosphäre zuständig erklären, werden die Relationen der Seele und des Geistes als (kaum ernstgenommene) Domäne der Geisteswissenschaften betrachtet.
Indem die modernen Naturwissenschaften das Sicht-, Mess- und Wiegbare (= die Domäne des Verstandes) zum Maßstab alles Seienden erhoben, reduzierten sie das Sein auf die Körperlichkeit, ohne den unsicht-, unmess- und unwiegbaren Lebensgrund darin noch zu erkennen. Mit dem Versuch, durch das Sezieren von etwas Totem das Leben zu erklären, wurde man über dem Studium der äußeren Hülle bald blind für die innewohnende Lebenskraft des Seins. Doch mehr als das Gefäß ist dessen Inhalt der eigentliche Daseinsgrund.

„Wissen ist Macht"

Dass sich der Wandlungsprozess der Gesellschaft – aus der Vorherrschaft des Verstandes hin zur Erkenntnis des ganzheitlichen Seins - nicht ohne den Widerstand der zementierten Machtstrukturen des etablierten Wissenschafts-Betriebes vollziehen wird, darf als sicher angenommen werden. Denn hier geht es nicht nur um gesellschaftliche Positionen und Meinungsführerschaft der besseren Wahrheitserkenntnis, sondern auch um die lukrativen Pfründe milliardenstarker Forschungs-Etats.

Die modernen Wissenschaften sind in Interdependenz vielfach mit dem globalisierten Weltwirtschaftssystem verbunden. Auch sie, die als Vernunftsinstanz der Menschheit doch Wegweiser in eine lebenswerte Zukunft sein sollten, sind vom Virus des „Allmachtwahns" infiziert und vom Geld der Lobbys eines unbegrenzten technologischen Fortschritts korrumpiert. Viele Wissenschaftler lassen sich von den industriellen Interessen instrumentalisieren, die nicht dem Gemeinwohl dienen, sondern zumeist eine noch ungebremstere Ausbeutung der Ressourcen der Erde zum Ziel haben. Die wissenschaftlichen Institutionen selber wurden zu einem internationalen Machtfaktor, der die Vergabe gigantischer Summen öffentlicher Forschungsmittel nicht etwa unter Gesichtspunkten einer allgemeinen sozialen, gesellschaftlichen Wertschöpfung organisiert, sondern wieder nur mit Blick auf die kurzfristigen Ziele des weltkapitalistischen Systems steuert, deren hintergründigen Motivationen der Drahtzieher kaum jemand zu durchschauen vermag. So sehr sind die universitären Institutionen der modernen Wissenschaft mit diesen und den Interessen der Weltwirtschaft verstrickt, dass sie unfrei wurden.

Kritik der modernen Wissenschaften

Wenn hier die „Moderne Wissenschaft" aus ganzheitlicher Sicht im Allgemeinen kritisiert wird, dann nicht deshalb, um für irgendwelche Fehlentwicklungen „Schuldige" zu suchen, sondern nur im Bemühen uns Allen weitere Horizonte zu eröffnen. Es mögen diese Gedanken über die Entwicklung der menschlichen Wissenschaft mit der berechtigten Frage nach der Richtung, den diese unter den gegebenen Voraussetzungen in Zukunft einschlagen wird, bitte nicht als Kritik an *dem*

Wissenschaftler verstanden werden, dessen Arbeit Dienst zur besseren Erkenntnis von uns Allen ist. Diesem sei für seine Forschung, die uns allen nützt, im Namen Aller gedankt. Ja, allen Wissenschaftlern, die ständig bemüht sind, ihren und unseren Horizont zu erweitern, gebührt unser Dank – und oft genug auch unsere Bewunderung für eine Erkenntnistiefe, die wir ohne sie nie erlangt hätten.

Was hier indes kritisiert werden soll, ist das institutionalisierte wissenschaftliche System, das - behäbig und feist geworden - sehr wahrscheinlich noch aus ganz anderen unaussprechlichen Ursachen nicht mehr dem Erkenntnisfortschritt dient, sondern diesen aus wirtschaftlichen und machtpolitisch opportunen Gründen eher verhindert. Es möge hier nicht der Eindruck entstehen, es solle gegen das System oder gegen Irgendwen gekämpft werden. Das hat die Wahrheit nicht nötig, da sich letztlich ganz von selbst zerstören wird, was nicht auf dem Fundament der Wahrheit und Liebe steht. Aber kann uns das unter den gegebenen Umständen ein Trost sein? In der Erkenntnis des Besseren haben wir dafür einzutreten – nicht im Kampf *gegen* Jemanden – sondern *für* etwas.

Nicht, dass nicht auch im Mittelalter – beispielsweise zur Entwicklung innovativer Waffensysteme – wissenschaftliche Erkenntnis missbraucht worden wäre. Doch spätestens seit dem Bau der ersten Atombombe und dem gottspielenden Eingriff in das Erbgut der Lebewesen löste sich die Forschungs-Industrie vollends vom jahrtausendelang gültigen ethischen Anspruch menschlicher Wissenschaft.

Die ethische Bewusstseinsentwicklung des Menschen hielt mit seinen technologischen Errungenschaften nicht Schritt. Die Gläubigen der materialistischen Ersatzreligion unendlichen technologischen Fortschritts lassen sich nur zu gern vom Schein täuschen. Dabei weiß man aus geschichtlicher Erfahrung, dass die Wissenschaftstheorien nur Betrachtungen aus bestimmten persönlichen und geographischen Perspektiven sind, die sich im Lauf der Zeit immer wieder verändern. Man weiß, dass die Wirklichkeit, je nach Blickwinkel des persönlichen Standpunkts, verschieden aussieht. Das Wissen der Wissenschaften ist also zur Zeit kaum mehr als eine Ansammlung von verschiedenen Meinungen über die Wirklichkeit der Welt.

Zwar erhebt „die Wissenschaft", (die vielleicht besser „die Wissenssucherschaft" hieße), mit ihren Theorien den Anspruch auf empirische Allgemeingültigkeit – nicht aber auf „Wahrheit" oder „Wirklichkeit". Im naturwissenschaftlichen Diskurs kommen diese Begriffe kaum vor. Sie entziehen sich dem empirischen Anspruch, der von vornherein ausschließt, was nicht jederzeit an jedem Ort unter gleichen Bedingungen mit gleichem Messergebnis wiederholbar ist. Da sich allerdings Theorien mit beanspruchter Allgemeingültigkeit immer wieder als Irrtümer erwiesen haben, zeigt sich, dass es bei allem, was man in der Wissenschaftsgeschichte schon zu wissen glaubte, einen Unterschied zwischen Wissen und „Weisheit" gibt.

Ihren Ehrgeiz sehen die Wissenschaften nicht mehr in der Verwirklichung „des wahrhaft Guten" (ein Begriff, der allenfalls noch in den Geisteswissenschaften theoretisch diskutiert wird), sondern darin, das Mögliche machbar zu machen, wobei die Grundlagen menschlicher Ethik oft genug aus dem Blickwinkel geraten. Über dem Detail eines separierten Forschungs-Gegenstandes überschaut man kaum mehr dessen Wirkung auf das ganzheitliche System. Doch bei allem, was man wissen könnte und was es noch zu wissen geben wird, (keine Dissertationen und Bücher werden es je fassen), ist die Deutung des Wissens weniger eine Frage der statistischen und quantitativen Information, als vielmehr deren qualitativen Wertung in ganzheitlichem Kontext. Gerade dieser aber ging insbesondere den Naturwissenschaften verloren, weil der Anspruch der Empirie die Wirklichkeit per Definition auf die sinnliche Wahrnehmungsfähigkeit des Menschen begrenzt. Damit ist von vornherein eine metaphysische und übersinnliche Realität ausgeschlossen – und zwangsläufig auch die Existenz eines Gottes. Wenngleich viele Wissenschaftler sicher ahnen, dass eine Welt ohne „Wahrheit" oder eine Zukunft ohne „höhere Wirklichkeit" perspektivlos wäre, hält man heute gemeinhin zumeist nur das für wahr, was man sehen, anfassen und messen kann.

Die Verpflichtung der Wissenschaften auf den Empirismus - (David Hume 1711-1776) zu Zeiten der „Aufklärung" - diente nicht nur der Überwindung erstarrter feudaler Strukturen und dem Ideal der Vernunft, sondern war, ebenso wie die etwa gleichzeitig beginnende Internationalisierung des Bankwesens, zugleich der Beginn einer neuen höchsten Unvernunft. (Oder vielleicht auch einer höchst fremdartigen „Übervernunft", die sich dem Erkennen des Menschen bislang weder erschlossen hat – noch sich von ihm je erschließen lassen möchte).

Durch ihre Verflechtung mit den Zielen des Weltkapitals wurden die Wissenschaften in ihrer Erkenntnisfähigkeit blind. Diese „Arroganz des Verstandes", die von vornherein die Möglichkeit der Existenz eines höheren Geistes ausschließen möchte, hat den Menschen in den vergangenen zweieinhalb Jahrhunderten systematisch um die Wirklichkeit seiner Seele und die Wahrnehmung seines Spirits betrogen. Wenn das menschliche Wissen auf die Erkenntnisfähigkeit seiner körperlichen Sinne reduziert bliebe, müsste ihm die Erkenntnis dessen, was außerhalb des Mess-, Zähl- und Wiegbaren der irdischen Skalen liegt, auf immer verborgen bleiben. Ein Forscher, der nicht auch sein Inneres erforscht, muss bald zu der Vorstellung kommen, die Experimente in den Retorten seines Labors zeigten tatsächlich die Lebens-Wirklichkeit.

So verarmte die Wissenschaft bei allem technischen und materiellen Fortschritt geistig, indem sie auf nichts mehr als auf die Körpersinne des Menschen vertraut, die – nur mit den Sinnen vieler Tiere verglichen - von eher geringer Frequenz-Bandbreite bewusster Wahrnehmung sind. Wenn wir die Zeichen der Zeit aufrichtig deuten, müssen wir uns eingestehen, dass die als Emanzipation des Verstandes gepriesene, „aufgeklärte Vernunft" die Menschheit und den Planeten Erde vor größere Probleme gestellt hat, als sie jemals hatte. Dass sich zu Beginn des 21. Jahrhunderts die Welt am Abgrund und der Mensch in einer nie da gewesenen Selbstentfremdung befindet, ist kaum zu leugnen. Es wird immer deutlicher werden, dass der Mensch als „Zauberlehrling" Prozesse in Gang brachte, die er nicht beherrscht. Er spaltet die Kerne der Atome, manipuliert die Genetik, vermeint mit „Geo-Engineering" das Klima dirigieren zu können ...

Er greift in die Speichen des Rades des Lebens, ohne zu wissen welche Geister er damit rief und wie er sie wieder los wird.

Vom „Segen" der modernen Medizin

Die Ärzte müssen heute nicht mehr den hippokratischen Eid ablegen, der zweitausendvierhundert Jahre lang die ethische Grundlage der Medizin war (dies wohl auch deshalb, weil er ausdrücklich Schwangerschaftsabbrüche und Sterbehilfe untersagte). Dies mag dazu beigetragen haben, dass die moderne Medizin inzwischen zu einem Milliardengeschäft verkommen ist, das den Menschen allzu oft auf seine Körperlichkeit und seine „Kassenzugehörigkeit" reduziert.

Die Pharmaindustrie, die eng mit der Petrochemie verwandt ist, dominiert die Heilkunst des 21. Jahrhunderts. Alljährlich steigen die Ausgaben des Gesundheitswesens, weil die Konzerne weniger die Interessen der Kranken folgen, als vielmehr jenen ihrer Aktionäre. Je mehr die Aktienkurse der Pharmakonzerne boomen, umso schlechter ist es um die Volksgesundheit bestellt. Mit Absicht werden Menschen durch chemische Symptom-Bekämpfung in Abhängigkeiten gebracht, um durch regelmäßige Verschreibungen pharmazeutischer Produkte möglichst viel von den Kranken zu profitieren. Die ganzheitliche Heilkunst jahrtausendealter Traditionen, die den Menschen nicht nur als körperliches, sondern auch seelisch-geistiges Wesen erkannten, wurde in den letzten hundert Jahren systematisch als Konkurrenz denunziert. Unwiederbringlich ging jahrtausendealtes Urwissen verloren: zum Beispiel die Kenntnis natürlicher und übernatürlicher Heilmethoden inzwischen fast ausgestorbener Naturvölker – oder das Kräuterwissen weiser Frauen im Mittelalter, das mit ihnen im „Namen Gottes" von der Inquisition auf den Scheiterhaufen verbrannt wurde.

Dem Ganzheitlichen Menschen war die Wirkung der Pflanzen zur Heilung von Krankheiten wie selbstverständlich bekannt, die man heute auf chemischem Wege (nur mit vielen Nebenwirkungen) synthetisch nachzubilden sucht. Heutzutage ist der moderne Mensch hinsichtlich der Erkenntnis der Wirkkräfte der Natur ein „Analphabet". Von den Ureinwohnern der Erde hätte er viel über die Zusammenhänge des Lebens und das Wesen der Natur erfahren können. Stattdessen mordet er auch jetzt noch die letzten indigenen Völker der Erde, um Bodenschätze des Landes, auf dem sie leben, auszubeuten. Kein materieller Gewinn kann diesen Verlust des kollektiven Erfahrungsschatzes der Menschheit jemals aufwiegen.

Die Erneuerung der Wissenschaft

Der Mensch ist keine funktionale Maschine, keine biochemische Retorte und auch nicht nur ein Produkt hormongesteuerter Neuronenprozesse. Er ist vielmehr ein Schwingungswesen, das

– weit über die Grenzen seines sterblichen Körpers hinaus - energetisch in der Ewigkeit seiner Seele wurzelt und in die Unendlichkeit des Universums reicht.

Es ist Zeit, das wissenschaftliche Navigationsinstrument der Menschheit im globalen Dialog neu zu justieren. Eine neue Definition einer freien Wissenschaft würde Perspektiven für die Zukunft und den Raum für die Verwirklichung der Vision vom „Neuen Menschen" und dem Friedensreich der „Neuen Erde" eröffnen. Die harmonikalen Wirkgründe in der Natur und in sich selber besser zu verstehen, könnte dem Menschen wieder die Augen für die Wunder des Seins öffnen. Dies ist auch eine Voraussetzung dafür, dass er zu jener Achtung des Lebens zurückfindet, die er zur Bewahrung der Biosphäre des paradiesischen Gartens Erde benötigen wird. Mit der Justierung der neuzeitlichen Wissenschaft könnte eine Neuorientierung der menschlichen Gesellschaft beginnen, die diesen Planeten bewahrte, anstatt ihn und das Leben auf ihm weiterhin zu zerstören. In Konsequenz gilt es in gesellschaftlichem Interesse die Koordinaten der verhärteten Positionen zu überprüfen und den Weg der letzten 250 Jahre zu überdenken. Die Fähigkeit, die Fehler der Vergangenheit zu erkennen und aus ihnen zu lernen, wird den Weg in die Zukunft weisen.

Während es bis zum 13. Jahrhundert tatsächlich EINE einzige menschliche Wissenschaft gab, in der Spiritualität, Mathematik, Geometrie, Physik, Musik und alle Erkenntnis der Wirklichkeit EINS war, gibt es heute tausendundeine Wissenschaften, deren übergreifende Wechselwirkungen bislang nur selten in größeren Zusammenhängen gesehen werden.

Das fast in Vergessenheit geratene Urwissen der Universellen Harmonik übermittelt eine brennend aktuelle wirtschaftliche, ethische, soziale und spirituelle Weltsicht, die der globalisierten Gesellschaft des 21. Jahrhunderts den Weg in eine lebenswerte Zukunft des Dritten Jahrtausends weisen kann.

Die fundamentale Neuorientierung einer ganzheitlichen Wissenschaft im 21. Jahrhundert könnte dazu beitragen die menschliche Gesellschaft zu einer Entwicklung zu motivieren, die zum gegenwärtigen Zeitpunkt unter den gegebenen Umständen noch kaum vorstellbar scheint. Nichtsdestotrotz bleibt die Suche nach der Wahrheitserkenntnis die mächtigste Motivation des menschlichen Fortschritts.

Der „entgeistigte" Mensch

Plan oder Zufall?

Seit die Naturwissenschaften gemäß ihrem empirischen Selbstverständnis nur für wahr halten, was man sehen, hören und messen kann, fehlt für den unermesslichen geistigen Plan, der aller Naturerscheinung zu Grunde liegt, das Verständnis. So musste das Bild, das sich der Mensch vom Menschen machte, im Laufe der Zeit zwangsläufig degenerieren. Um seine seelische und geistige Wirklichkeit reduziert bleibt vom Menschen tatsächlich nur ein quantitativ vom Tier unterscheidbares Tier. Hinsichtlich der Wissensorganisation der Schwarmintelligenz ist beispielsweise ein Ameisenstaat oder ein Bienenvolk dem menschlichen Wissen sogar in mancher Hinsicht weit überlegen. Überhaupt weiß kein Mensch, was Tiere mit ihren oft sehr viel sensitiveren Sinnen über das Leben „wissen".

Im Gegensatz zu den Naturwissenschaften identifizieren die Geisteswissenschaften eine selbstbestimmte Individualität des Menschen, die ihn nicht nur hinsichtlich der Geistbegabung und Sprache qualitativ vom instinktgelenkten Tier unterscheidet. Zwischen diesen beiden Sichtweisen des menschlichen Wesens entstand eine kaum überwindbar scheinende Kluft. Die unterschiedlichen Positionen führten insbesondere in Amerika zu einem fanatisch geführten Streit zwischen den Anhängern der „Evolutionstheorie" und den sogenannten „Kreationisten". Es geht dabei im Kern um die grundlegende und alles entscheidende Frage, ob der Mensch ein Produkt des Zufalls – oder ein Kind Gottes sei. Mehr als nur eine persönliche Glaubensentscheidung ist die Beantwortung dieser Frage auch von höchster gesellschaftlicher Relevanz: von ihr hängt das Selbstverständnis des Menschen und damit seine zukünftige Entwicklung ab.

Zur Überbrückung des scheinbaren Widerspruchs zwischen der biologischen Natur und der menschlichen Kultur kann die Universelle Harmonik wertvolle Vermittlungsdienste leisten.

In der Auseinandersetzung um die Realität der evolutionstheoretischen Vorstellung von der Entstehung der Arten (Charles Darwin) und der Welten (Urknalltheorie) sieht sie keine unüberwindbaren Gegensätze zur Annahme eines bewussten Schöpfungsplanes, die nicht im Licht einer ganzheitlichen Betrachtung zu harmonisieren wären.

Während einerseits in der kreationistischen Sicht der Erschaffung der Welt in „buchstäblich 7 Tagen" sowohl der Kreator als auch Seine Schöpfung wohl zu eng verstanden werden, scheint andererseits die vermeintlich aufgeklärte wissenschaftliche Beantwortung dieser existentiellen Frage: dass das Universum und das Leben „zufällig" entstanden seien, auch zu kurz gesprungen. Diese Leugnung eines geistigen Schöpfungsplanes hatte jedenfalls eine gesellschaftliche Entwicklung zur Folge, die das Verständnis des Menschen von sich selbst und der Welt grundlegend nicht zum Besseren verändert konnte. Etwas von der Bescheidenheit des Sokrates, der wusste, dass er nichts wusste, täte auch den modernen Wissenschaften gut.

Es wird sich zeigen, dass beide, die „Evolutionstheorie" und der „Kreationismus", mit ihren sich gegenseitig ausschließenden Absolutheitsansprüchen nur mit einem Auge sehen, während sie auf dem anderen blind sind. Denn obwohl der sichselbstvergessene Mensch der Moderne hinsichtlich des quantitativen Maßes der Dinge zweifellos ungleich viel mehr als die ersten Menschheitskulturen weiß, so wussten doch diese auf eine ursprüngliche Weise viel mehr vom innerlichen Sein und der höheren Wirklichkeit des Lebens aus unmittelbarer innerer Anschauung.

Anders als das lateinstämmige Wort „Uni-versität" (sinngemäß die „Gesamtheit der Lehre") vermuten lässt, stellt sich „die Wissenschaft" heute als eine Ansammlung verschiedener Sichtweisen konkurrierender Schulen und Einzeldisziplinen dar, die die Einheit des Ganzen aus den Augen verloren hat.

An jener Stelle beginnt das Fundament des modernen Wissenschaftsgebäudes zu bröckeln, wo man die allem Seienden innewohnende höhere Ordnung nicht mehr erkennt. Weil das Bauwerk ausschließlich auf menschlichem Verstand gründet, der in seiner Vermessenheit einen göttlichen Plan ausschließt, ist es auf Sand gebaut.

Es wird ein großer Gewinn für die Menschheit sein, wenn sich die zerstrittenen Geschwister der Natur- und der Geistes-Wissenschaften endlich in der gemeinsamen Erkenntnis des geistgeordneten Kosmos` finden und ergänzen werden. Die Universelle Harmonik kann dazu beitragen, dass der Mensch eine ganzheitliche Sicht gewinnt, die den Blick auf die Wirklichkeit freigibt. Im erbitterten Streit der Evolutions-Theoretiker einerseits – und der so genannten „Kreationisten" andererseits – kann sie harmonisierend vermitteln. Denn das ganzheitliche Weltbild der Harmonik steht nicht in Konkurrenz zum Wissen der modernen Wissenschaften sondern ergänzt vielmehr die Fakten der veräußerlichten Weltsicht um die spirituellen Erfahrungen der inneren Dimensionen.

Wissender Glaube

Der Mensch ist Bewohner zweier Reiche: er bewohnt das Reich der Natur *und* das Reich des Geistes. Während er das Reich der Natur misshandelt, ignoriert er das Reich des Geistes, das seine eigentliche Heimat ist. Wohin geht das Bewusstsein eines Sterbenden, wenn es mit dem Körper auch dessen Hirnorgan tot zurücklässt? So wie das Traumwesen der Seele mit dem Wachbewusstsein korrespondiert, ist das Bewusstsein mit dem Gehirn verbunden – nur solange es den Körper gebraucht. Das Energieerhaltungsgesetz und auch die Formel Einsteins $E = MC^2$ besagen, dass Energie zwar ihre Erscheinungsform ändert, aber nie aufhört zu sein. Warum wird daran nicht die Unsterblichkeit des ewigen Wesens erkannt? Hier – wie auch mit der Quantentheorie (Max Planck), die den Übergang des stofflichen in das geistige Sein postuliert – verlässt die Naturwissenschaft die bloß sinnliche Empirie und betritt das Reich des Geistes.

Tatsächlich muss sich der Begriff „Empirie" (= griechisch *empireia*: Erfahrung) keineswegs nur auf die äußerlichen Sinne des Menschen beschränken. Wenn sie auch die Wahrnehmung der innerlichen Sinne einbeziehen würde, gewänne die Wissenschaft „Erfahrung" von der menschlichen Seele und vom Wirken des Geistes – über alle Verstandesgrenzen und alle menschliche Vernunft hinaus.

Hat ein Mensch auf der Erde irgendwann die Erfahrung seiner Seele und der höheren Geisteswirklichkeit gemacht? Man frage die milliarden Gläubigen der Welt! Die heiligen Bücher der Menschheit sind voll mit Beschreibungen übersinnlicher Erfahrungen, ohne die es auch keine menschliche Wissenschaft gäbe. Wenn im Bewusstsein eines Gläubigen das Reich des Geistes unleugbar gegenwärtig ist, so kann er dieses Wissen dennoch nur Glauben nennen, weil dieses Wort die Gewissheit der über den Verstand und die Vernunft hinausreichenden Wirklichkeit des Geistes umschreibt, die man weder sehen, hören noch messen kann. So ist der Glaube ein subjektives Wissen und die Sicherheit des sich Selbst-gewiss-Seins.

In der Auseinandersetzung, ob nur faktisches Wissen wissenschaftsrelevant, oder auch die Glaubenswirklichkeit zu berücksichtigen sei, sagte Georg Wilhelm Friedrich Hegel (1770-1831):

> *„Denn was ich glaube, das weiß ich auch, dessen bin ich gewiss. In der Religion glaubt man an Gott und an die Lehren, die Seine Natur näher explizieren; aber man weiß es auch, ist dessen gewiss. Wissen heißt, etwas als Gegenstand vor seinem Bewusstsein haben und dessen gewiss sein, und genau dasselbe ist Glauben auch. (…) Der Begriff des Geistes hat seine Realität im Geiste."*

Bekanntlich setzte sich in dieser Diskussion über das, was Wissenschaft sei, zumindest in den Naturwissenschaften der menschliche Verstand gegen die Glaubensgewissheit durch.

An der neuen Devise, die Charles Darwin (1809–1882) ausgab:

> *„Ich glaube nur, was ich sehe",*

ist die moderne Wissenschaft bis heute erblindet. Doch es gibt nicht nur eine biologische, sondern auch eine geistige Evolution. Erst durch diese gewinnen auch die Darwinschen Theorien Sinn.

Denn anders als es die darwinsche Evolutionstheorie glauben machen will, ist die Natur kein seelenloser genetischer Zufallsgenerator, der in einem Prozess natürlicher Zuchtauslese jene am meisten begünstigt, die am rücksichtslosesten ihre egoistische Gier durchsetzen. In diesem weltanschaulichen Irrtum liegt, mehr als in dem Symptom der CO_2-Zunahme in der Atmosphäre, der wirkliche Grund für die Katastrophen der Welt des 21. Jahrhunderts.

Die Folgen sind existentiell: Schließlich hält sich der Mensch, wie die Evolutionstheorie postuliert, nicht mehr für ein „göttliches Wesen", sondern für ein Produkt des Zufalls und einen „Nachkommen der Blaualge".

Geist und Materie

Ob der Mensch natur- oder geisteswissenschaftlich orientiert ist: letztlich bleibt es eine Glaubensfrage, ob jemand an ein zufälliges Entstehen des Alls oder an einen göttlichen Plan glaubt, nach dessen Regeln sich die Moleküle zu den vielartigen und erstaunlichen Lebensformen zusammengesetzt haben.

Die moderne Wissenschaft kann das Wunder des Lebens nur vage in seinen physikalischen Auswirkungen erklären. Es wird angenommen, dass sich die Elemente Wasserstoff, Kohlenstoff, Sauerstoff, Natrium und Schwefel „zufällig" zu Proteinen, den Grundbausteinen allen Lebens, zusammengefunden hätten. Die Augen mit Gerät zu tausendfacher Vergrößerung bewaffnet, werden im Labor Moleküle der DNS-Struktur, dem Bauplan des biologischen Lebens, untersucht. Die Basennukleotide T, C, G und A verbinden sich in unterschiedlichen Kombinationen zu Sprossen an den zwei ineinander gewundenen Spiralen, die, unter dem Elektronen-Mikroskop betrachtet, wie eine in sich gedrehte Strickleiter aussehen. Soviel weiß man, dass sie sich unter diesen und jenen Bedingungen bei diesem oder jenem Lebewesen so oder so kombinieren.

Zwar entdeckten die Naturwissenschaftler erstaunliche Details über den Aufbau der körperlichen Hüllen – doch haben sie darüber allzu oft den Inhalt vergessen. Sie dechiffrieren die hirnorganischen Verstandesfunktionen, die die sinnlichen Informationen der Außenwelt zu verarbeiten haben. Aber eine Vorstellung von der psychisch-geistigen Innenwelt des Wesens haben sie kaum. Sonst wüssten sie, dass die biochemischen Hormon-Ausschüttungen und Neuronen-Aktivitäten im Gehirn erst *nach* der Maßgabe des seelisch-geistigen Bewusstseins erfolgen, das über die Körperlichkeit des Wesens weit hinausreicht.

Welcher Wissenschaft verdankt das Leben seinen Ursprung? Das Leben offenbart sich dem Verstandeswissen nur mittelbar. Es lässt sich auch nicht biochemisch analysieren. Die Bewusstseinsenergie verwirklicht sich in der Stofflichkeit; der Geist lenkt die Materie – und nicht andersherum.

Wer ist der Erfinder der kugelförmigen Welten? Tatsächlich ist der Glaube als Faktor der Intuition dem Wissen ein inspirativer Sinngeber. Ihr Zusammenwirken bei der Betrachtung der Welt, ist die Voraussetzung für das Verstehen jener Dinge, die über das Sicht-, Zähl- und Wiegbare, wie auch über die diesirdischen Grenzen des Todes hinausgehen.

Nur im ganzheitlichen Erleben kann der Mensch den letzten Sinn und das Ziel seines Daseins erfassen. Das Leben wird er erst dann verstehen, wenn er es in sich selbst findet.

Während das Wissen das Hinaufdenken des natürlichen Wesens zur Vernunft ist (als unterste Sprosse der Leiter des erwachenden Bewusstseins), ist der Glaube eine Gabe des Gottesgeistes, der hinabwirkt in die Welt. Glaube und Wissen sind also keine Gegensätze, sondern sie bedingen einander. Deshalb ist es bedauerlich, dass das Wissen noch immer als Widerspruch zum Glauben an die Ganzheitlichkeit des Seins verstanden wird. Tatsächlich braucht der Mensch nicht mehr Wissen, sondern mehr Bewusstsein. Denn das Wesen des Geistes ist es, sich im Bewusstsein des Menschen Selbst zu erkennen. Das ist der Grund des Seins. Wenn der Mensch nicht mehr nur aus seinem vermeintlichen Wissen heraus denkt, sondern sich dem Geist im Glauben öffnet, findet er in sich

> *„den Geist der Wahrheit,*
> *den die Welt nicht empfangen kann,*
> *weil sie Ihn nicht sieht noch Ihn kennt."*
> (Johannes 14,17)

> *„Ein bewusstes Wesen steht im Zentrum des Selbstes,*
> *das die Vergangenheit und die Zukunft regiert,*
> *es ist gleich einem Feuer ohne Rauch…"*
> (Katha Upanishad IV.12)

Während diese Herabkunft des Geistes den Gläubigen zu Gott erhebt und das Reich des Geistes in ihm Wirklichkeit werden lässt, ahnt der Mensch, der allein auf sein Verstandeswissen baut, nichts von einer höheren Wahrheit.

Während der Gläubige sich dem Reich Gottes öffnet, sucht der Weltverstand die Herrschaft über die materielle Welt.

Doch:

> *„Machet euch die Erde untertan"* (1 Moses 1,28)

heißt nicht, sie auszubeuten und zu zerstören, sondern ihr zu dienen.

Während die Naturwissenschaftler auf die technischen Errungenschaften des gewachsenen materiellen Wohlstandes verweisen, fragen die Schöpfungsgläubigen: „Hat dies den Menschen wirklich glücklicher gemacht?!" Im Unterschied zum Ungläubigen darf der Gläubige jedenfalls die Gewissheit haben, dass alles, was ihm geschieht, letztlich zu seinem Besten dient. Wie sagte Gott doch (laut Genesis) nach jenen „Sechs Schöpfungstagen", als Er Sein Werk beschaut?

„Siehe, alles ist sehr gut."

Das ist ein unbeschreiblich wunderbares Wort, das dem Gläubigen die größte Zuversicht in das Leben zu schenken vermag. Denn da Zeit und Raum nicht wirklich existent sind, sondern nur in der menschlichen Verstandesrealität existieren, ist alles, was jemals war und jemals sein wird - *JETZT* – in diesem Augenblick gegenwärtig. Und alles, was jemals war und jemals sein wird, „ist sehr gut"; muss nicht erst gut werden – sondern *IST* ein für allemal gut. Alle anderen Annahmen sind „Verstandesgeschichten" und haben ihren Grund darin, sich selbst nicht annehmen zu können, wie man ist.

Die Kreativität des Lebens

Man meint zu sehen und ist doch blind für den großen Plan, der hinter dem vermeintlichen Zufall des Lebens steht, der ein Lebewesen so erschaffen hat, wie es zum gegenwärtigen Zeitpunkt seiner Entwicklung gerade ist: nicht nur als Teil einer wunderbar ineinandergreifenden Biosphäre, sondern auch als ewiges Seelenwesen und Träger des Lebens. Die Kreativität des Lebens, die nicht nur in den biochemischen Prozessen wirkt, sondern sich auch und insbesondere durch Schwingung und Rhythmik aller Wellenlängen harmonisch zum Ausdruck bringt, reicht über das Wunder des Aufblühens zur Reife bis zum Sterbeprozess der natürlichen Körper hinaus – in die Ewigkeit der seelischen Innenwelt und dem Reich des geistigen Seins. Dass vielen Menschen ihre Seele und ihr Geist bislang weitgehend unerkannt geblieben sind, liegt vor allem daran, dass sie sich von einem materialistischen Weltbild beherrschen lassen. Nie zuvor in der Menschheitsgeschichte hat der Mensch mehr zu wissen geglaubt als heute – und dabei in Wirklichkeit nie weniger über sein inneres Wesen gewusst. Mit der Frage nach dem „Woher?" ging auch die Antwort nach dem „Wohin?" verloren. Man fragt nicht mehr nach dem Grund und Ziel des Lebens. Weil der Mensch sein ewiges Wesen vergaß, lässt er nichts unversucht, die Vergänglichkeit seines Körpers hinauszuzögern.

Die meisten Menschen sind sich heutzutage selbst soweit entfremdet, dass sie nicht mehr erkennen, dass ihre körperliche Beschaffenheit nur das äußere Spiegelbild ihrer inneren Wirklichkeit ist. Weil sie ihre Seele nicht sehen, kommt sie in ihrer `naturwissenschaftlichen´ Betrachtung nicht vor. Sie verkennen, dass die Einbeziehung der Intuition des Herzens in die verstandesgemäße Wahrnehmung, die äußerliche (bloß quantitative) Bewertungsskala des Verstandes, um die Erkenntnis der inneren (qualitativen) Wertmaßstäbe unendlich erweitern würde. Das „Herzdenken" bereicherte das veräußerlichte Verstandesdenken um die innerliche Dimension. Dem Herzdenken folgte dann das „Herztun" – und das veränderte von Heute auf Morgen die Welt.

Der Zauberlehrling
Wenngleich man in der Gentechnologie eifrig darum bemüht ist, es dem Schöpfergott gleich zu tun – und vermeintlich sogar noch besser, ist es dem Menschen allerdings bis heute nicht gelungen, wirklich etwas Lebendiges zu erschaffen. Im Gegenteil: Manch ein Gentechniker versteigt sich zu fatalen Experimenten im falsch verstandenen Dienst der Wissenschaft: Zucht und Tötung von Embryonen zur Gewinnung von Stammzellen, Clonen von Lebewesen und genetische Kreuzungen von Mensch und Tier zu Chimären.
Die Folgen eines Gelingens der alchimistischen Experimente des menschlichen Zauberlehrlings und seiner „Frankenstein`schen Baupläne", die da mit größter Energie und mit Unsummen des globalen Sozialprodukts vorangetrieben werden, um zum Beispiel Maschinen-Menschen, Mensch-Maschinen oder Tier-Menschen zu erschaffen, wäre ein Horror für das Leben auf Erden. Die Magie, mit der die modernen Zauberlehrlinge in die unverstandene Ordnung des Lebens eingreifen, übersteigt ihr Latein. Mit all ihrer Technik zur Überwindung von Krankheit und Tod beschwören sie in ihren Laboren nur neue Krankheiten

herauf, die nicht nur den Körper sondern das ganze Wesen befallen. In der verhängnisvollen Allianz mit dem Materialismus sprach die moderne Wissenschaft einen magischen Zauber aus, der nicht etwa „das Gute" und „das Wahre" zum Ziel hat, sondern die materialistische Beherrschung der Welt. Chemiekonzerne lassen sich das Erbgut von Pflanzen, Tieren und Menschen patentieren. Wir gehören uns nicht mehr selbst. Pharmakonzerne enthalten millionen Aidskranken in Afrika Medikamente vor, um ihre Marktpreise stabil zu halten. Agrarkonzerne berauben aus Gründen des Profits die Gene des Saatgutes der Fortpflanzungsfähigkeit, um die Bauern der globalen Landwirtschaft in Abhängigkeit zu bringen (- ganz nebenbei wird dadurch auch die jahrtausendelang gepflegte Artenvielfalt an Kulturpflanzen und Nutztieren massiv dezimiert). Chemie im Brot – Pestizide im Gemüse – Antibiotika im Fleisch; Plastikmüll in den Mägen von Fischen und auf dem Tisch; Umweltgifte aller Art in Wasser, Luft, Erde und unserem Essen; rücksichtslose Ausbeutung von Rohstoffen, Abholzung der Regenwälder, Überfischung der plastikverseuchten Meere; Naturkatastrophen durch globale Klimaveränderung; und im Wahn mit „Geo-Engineering" die Welt retten zu können, macht der Zauberlehrling alles immer nur noch schlimmer …

Das folgenschwere Missverstehen von Wissenschaftlern, Politikern und der Mächtigen der Welt ist nicht inhaltlich zu begründen. Es beruht auf kurzsichtigen Rücksichtnahmen, Verteidigung von persönlichen Besitzständen, Kurzfristigkeit von gesteckten Zielen und dem Irrtum einer falschen Einschätzung der Wertigkeit der Werte. Dies ist es, was den Fortschritt wirklich hindert. Man ist im Begriff und bereit die Biosphäre des Planeten und das Seelenheil der Menschheit zu verkaufen. Vielleicht zu spät wird die Menschheit erkennen müssen, dass sie sich im Vertrauen auf das Navigations-Instrument ihrer Wissenschaft verirrt hat. Gewusst haben wir alles. Nur glauben haben wir es nicht wollen. Doch die harmonikalen Gesetzmäßigkeiten einer Höheren Wirklichkeit, als der Mensch sie sich bis jetzt vorstellen konnte, wird sich selber Geltung verschaffen.

DIE GANZHEITLICHE WISSENSCHAFT

Indes soll hier nicht kritisiert werden ohne Lösungsvorschläge anzubieten. In der Rückerinnerung an die einstige Ganzheitliche Wissenschaft – die wir `Universelle Harmonik´ nennen – finden wir Antwort auf alle gegenwärtigen Fragen.

Diese Universelle Wissenschaft vermag die zahllosen Splitter des einstigen ganzheitlichen Spiegels wieder zusammenzufügen zur Erkenntnis des ungeteilten Seins.

Diese Erkenntnislehre vereint die verschiedenen Perspektiven der Wissenschaften interdisziplinär in einer holistischen Schau eines geordneten Kosmos und einer planvollen Entwicklung des Lebens.

Die Universelle Harmonik

Die fast in Vergessenheit geratene Universelle Harmonik ist die älteste Wissenschaft der Menschheit überhaupt. Sie ist die Urwissenschaft des Bewusstseins von der Höheren Wirklichkeit des Seins und des ganzheitlichen Weltbildes, das der Menschheit im Laufe der letzten zweieinhalb Jahrtausende nahezu gänzlich verloren ging.

Sprache, Mathematik, Geometrie, Musik, Physik, Astronomie und Spiritualität waren nur unterschiedliche Emanationen desselben Geistes in Zeiten des Ganzheitlichen Weltbildes und untrennbar mit der höheren metaphysischen Wirklichkeit verknüpft, die der moderne Mensch aus seiner materialistischen Weltsicht weitgehend ausgeblendet hat. Die Menschen früherer Zeitalter sahen in diesen, sich heute verselbständigt habenden separierten Wissenschaften, einander vollkommen ergänzende Anschauungen eines Weltenplans, den sie in den Erscheinungen der Außenwelt als Spiegelbilder ihrer inneren Wirklichkeit erkannten. Für sie war ihre Wissenschaft zugleich spiritueller Erkenntnisweg, durch den sie mit dem Urgrund allen Seins in lebendiger Verbindung standen.

Die fast vergessene „Ganzheitliche Wissenschaft", die, bevor sich das Wissen über die holistische Beschaffenheit der Welt und des Menschen in zahllose Perspektiven atomisierte, alle Sichtweisen in einer umfassenden Erkenntnis des Seins einte, bringt sich im 21. Jahrhundert einend in Erinnerung. Diese

Universalwissenschaft bezieht alle Wissenschaften in ihre Welterklärung ein.

Das Wort „Harmonik", das seinem griechisch-lateinischen Wortstamm nach: „Aus Vielklang zusammengesetzter Einklang" bedeutet, umfasst wesentlich mehr als nur den musiktheoretischen Zusammenhang der Harmonielehre, in dem es heute fast ausschließlich benutzt wird. Es bezeichnet die grundsätzlich harmonikalen Strukturen, nach denen sowohl der Mikro- und Makrokosmos als auch das organische Leben organisiert ist. Ob in der Natur oder in der Entfaltung menschlicher Kunstfertigkeit, ob in den geophysischen Gegebenheiten der äußeren Welt – oder in den Bewusstseins-Zuständen innerer Reiche: überall entdeckt die Universelle Harmonik dieselben harmonikalen Regeln, die von der ersten Keimzelle biologischen Lebens an – bis zum komplexen Organismus eines menschlichen Wesens – alles Sein nach wunderbarem Bauplan bedingen. In Erkenntnis der Einheit von Allem verbindet die Ganzheitliche Wissenschaft der Universellen Harmonik die verschiedenen Weltanschauungen interdisziplinär, interkulturell und interreligiös. Sie eint die sich einander fremd gewordenen Geistes- und Natur-Wissenschaften als lediglich verschiedene Perspektiven der einen Wirklichkeit und vermittelt nicht nur eine plausible Erklärung für die Existenz der Welten, sondern für den Sinn des Lebens überhaupt.

Das Wort „Harmonik" bezeichnet also den Einklang des Vielklangs. Das Ideal der Harmonik ist somit auch das Ideal einer global geeinten Menschheit und zugleich von deren Vereinigung mit jener heilwirkenden Kraft, die das Leben in Allem bewirkt. Dieses Ideal der Einheit wird sich mit Macht zu verwirklichen wissen. Denn der EINE Gott, der das EINE Leben in Allem ist, wirkt von Anbeginn der Schöpfung auf das Ziel der Verwirklichung des erleuchteten Menschen – „Adam Kadmon" – hin, der dereinst diesen Planeten bewohnen wird. Dieser wird der „Neue Mensch" sein, von dem die biblische Offenbarung spricht, dass er die „Neue Erde" bewohnen werde, wenn sich mit dem Reich Gottes der Himmel auf die Erde herab und in die Herzen der Menschen hinein schenken wird.

Die Diskrepanz zwischen diesem Ideal und der irdischen Wirklichkeit des 21. Jahrhunderts ist augenfällig.

Der Mensch hat den Acker der Erde und den seines Herzens schlecht bestellt. Der ökologische Zustand der Welt ist die äußere Entsprechung für den sich selbst und dem Leben entfremdeten Menschen, der diesen Planeten bewohnt.

Wenn auch die Beschränktheit seiner sinnlichen Wahrnehmung den Menschen in seiner Erkenntnis der Wirklichkeit des wahren, metaphysischen, geistigen Seins behindern mag, so könnte er aufgrund der ihm verliehenen Vernunft doch immerhin die harmonikalen Gesetze erkennen, nach denen nicht nur die Musik, Mathematik, Geometrie und Physik des Mikro- und Makrokosmos geordnet sind, sondern auch die inneren Universen seines körperlich-seelisch-geistigen Wesens.

Der Ursprung der Harmonik

„Henoch", der Enkel Adams und Evas, war als „Freund Gottes" (Genesis 5,21-24) der erste Priester der Menschheit. Er überbrachte den Menschen unter den Namen, die ihm die verschiedenen Kulturen gaben - „Thot", „Hermes-Trismegistos" und „Merkur" - als Übermittler die göttlichen Geistesgaben der Sprache, Geometrie, Mathematik und Sternenweisheit.

Entgegen der irrtümlichen Meinung mancher Historiker, dass die ersten geistbegabten Menschen „tumbe Höhlenmenschen" gewesen seien, waren diese in Wirklichkeit der heutigen Zivilisation – zwar nicht in materialistischer Hinsicht – aber umso mehr in ihrer ganzheitlichen Erkenntnis des Seienden weit überlegen. Die Menschen der ersten Hochkulturen kannten den Ursprung und die Zusammenhänge des Seins. Aus innerem Erleben wussten sie um die Einheit von Körper, Seele und Geist. Ihre Sprache bezeichnete das innere Wesen des Benannten. Alle Erscheinungen auf der Erde und im All waren ihnen Spiegelbilder ihrer reichen Innenwelt.

Dieses Urwissen der Menschheit von der Harmonik der Welt und die Kenntnis der Schrift der Sterne am Firmament wurde von dem genetisch tatsächlich bezeugten ersten Menschenpaar, von dem alle Geschlechter der heutigen Menschheit stammen, den nachfolgenden Generationen auch in den Sprachen der Mathematik, Musik, Geometrie und Kosmologie vermittelt. Alle wirkliche menschliche Entwicklung geht auf den Ursprung des Einsseins mit Allem und göttlicher Inspiration auf dem Wege der Intuition und Erleuchtung zurück. Die archaischen Urbilder waren nicht etwa regional verschieden, sondern allen frühen Kulturen der Menschheit selbstverständlich. Der zwölfgeteilte

Sternenkreis zum Beispiel, der bis auf den heutigen Tag unserer Zeitrechnung vorbildlich ist, war den alten Indern, Ägyptern und Chinesen ebenso bekannt, wie den alten Babyloniern, Kelten, Germanen und den Ureinwohnern Amerikas. Ihre Kosmologie war auch ohne Satelliten und Teleskope weitreichend und umfassend, bezog sie doch die Sphären der geistigen Realität alles Seienden aus innerer Anschauung in die Betrachtung mit ein und fanden auf dem Weg der Erleuchtung des Bewusstseins den wahren Grund der Erscheinlichkeiten vom Kleinsten bis zum Größten in sich selbst. Ihre Kartographie der Sternbilder am Sternenhimmel maß zwar nicht die quantitative Größe, das Gewicht und die physikalische Beschaffenheit der Weltkörper, wie man sie heute zu kennen meint, aber sie stellte eine Beziehung zwischen dem äußeren und dem inneren Kosmos her, von deren Wechselwirkung die meisten Menschen heute kaum noch Kenntnis haben.

Noah, der von den Indern „Manu" genannt wird, lehrte nach der Sintflut die „Sieben Rishis", auf die alle altindischen Weisheitslehren zurück gehen, und überbrachte ihnen das ganzheitliche Wissen der ersten menschlichen Hochkultur.
Doch nach dem erneuten Fall aus der Einheit mit Gott in die Bipolarität der Welt ging den Menschen die direkte Anschauung des innerlichen Sinns des Seienden vollends verloren.
Fortan konnte das Geistwissen von der holistischen All-Einigkeit den nachfolgenden Generationen nur noch verstandesgemäß in Chiffren äußerlichen Sinns übermittelt werden.

Dann - in den letzten 250 „aufgeklärten" Jahren - wurde diese Verbindung vollends gestört, weil jetzt die Wissenschaft der materialistischen Welteroberung zu dienen hatte, worüber man, mit gesellschaftlich und ökologisch unabsehbaren Folgen, die Existenz der höheren Ordnung fast ganz vergaß. Doch sogar noch heute ist in den Sprachen und Zahlen-Systemen der Kulturen dieses ursprüngliche Wissen um das innere Sein – wenn auch dem äußerlichen Verstand verborgen - relikthaft erhalten. Die Rückerinnerung daran (zum Beispiel den qualitativen Wert der Zahlen oder die einstige Ursprache) ist ein besonderes Forschungsfeld der Universellen Harmonik.

Die Bedeutung der Harmonik

Das Wenige, was man heute noch über die Universelle Harmonik weiß, ist also die Resterinnerung an das ganzheitliche Weltbild eines lange vergangenen „Goldenen Zeitalters" des menschlichen Bewusstseins.

Die Rückerinnerung an die kosmischen Gesetze der „Harmonik der Welten" und der „Harmonik des Menschen" wird wesentlich zu einer persönlichen und gesellschaftlichen Neuorientierung beitragen. Die Erforschung der Universalität dieser Gesetze wird neue Perspektiven eröffnen und die Erinnerung an den fast in Vergessenheit geratenen „Sinn des Lebens" wecken. Grund genug also, den Spuren des vergessenen „Ganzheitlichen Weltbildes" der Harmonik zu folgen. Sie führen zu den Anfängen der Menschheitsgeschichte, als noch nicht äußerliche Information, sondern vielmehr innere Anschauung die Quelle umso tiefschürfenderer Erkenntnis war, die auch heute noch Jeder in sich selbst finden und erfahren kann.

Die Harmonik ist also keine neue Lehre, sondern im Gegenteil uraltes Geisteswissen der Menschheit, das erst im Zuge der Aufklärung und Industrialisierung fast vollends aus der kollektiven Wahrnehmung verschwand. So ist es denn kein Wunder, wenn der Mensch mit sich selber und Gott nicht im Einklang ist, dass seine Welt zunehmend disharmonisch wird.

Der Riss zwischen den scheinbar unvereinbaren Natur- und Geisteswissenschaften lässt sich in der Frage zusammenfassen, ob es einen göttlichen Ursprung allen Seins gibt, oder nicht.

Weil die nuancierte Feinabstimmung jedes einzelnen Teilchens im mikro- und makrokosmischen Ganzen ein „zufälliges Entstandensein" der kosmischen Ordnung und des Lebens ausschließt, ist also das gezielte Wirken eines allwaltenden Geistes nach ewigem Plan als Voraussetzung allen Seins anzunehmen. Dieser göttliche Geist schenkte dem Menschen dereinst mit der Geistbegabung seiner Sprache auch das intuitive Wissen um die harmonikale Beschaffenheit des Universums und das Bewusstsein der höheren Wirklichkeit des Lebens, bevor dieses ganzheitliche Urwissen in den Jahrtausenden mehr und mehr verloren ging.

Die Universelle Harmonik bewahrte durch die Wirren der Zeiten das Wissen um die Ganzheitlichkeit des Universums und des Menschseins in der Lehre vom Einklang des Vielklangs – und vom Vielklang des Einklangs. In den besonderen Eigenarten der menschlichen Kulturen - in der Musik und Kunst der Völker sowie in den Symbolen, Zahlen und Sprachen - entdeckt sie die harmonikalen Gesetzmäßigkeiten, nach denen der Geist Gottes den Werdeprozess des Menschen und der Welten in Gang setzte, um sie schließlich zu ihrer Vollkommenheit zu führen.

Jeder kann die Wahrheit des hier Ausgesagten in sich selbst bestätigt finden. Denn jeder von uns ist mit der „0" (dem Urgrund der göttlichen Liebe) und der „1" (dem Schöpfergott) innig verbunden. Unser Gewissen weiß und fühlt es genau: Gott ist gegenwärtig – immer bereit, uns mit jedem Schritt, den wir auf Ihn zugehen, uns drei Schritte entgegenzukommen.

Nicht in Büchern oder den Beschreibungen Anderer finden wir Ihn, sondern als die Liebe und das Leben im eigenen Herzen. Er wartet schon lange geduldig, dass wir die Illusion der Trennung von Ihm (und voneinander) im unmittelbaren Erleben endlich überwinden und erkennen dass wir unteilbar Eins sind.

> *„Das Reich Gottes ist inwendig in euch*
> *und überall um dich herum;*
> *Nicht in Gebäuden aus Holz und Stein.*
> *Spalte ein Stück Holz und Ich bin da.*
> *Hebe einen Stein auf und du wirst Mich finden."*
> (Thomas Evangelium)

Die Brücke zwischen Natur- und Geisteswissenschaften

Pythagoras suchte auf seinen Reisen nach Ägypten, Indien und Persien die Erinnerung an das einstige harmonikale Geistwissen vom ganzheitlichen Sein und überlieferte die Relikte, die er fand, in der „Geheimlehre" der Pythagoräer.

Pythagoras war es, der am Monochord die Einheit von Musik und Mathematik und die Wirksamkeit des Geistes in der Stofflichkeit bewies. Er war Botschafter einer mathematisch-musikalischen und spirituell-philosophischen Sicht, die auch heute noch universelle Gültigkeit hat, weil sie überkosmisch und zeitlos wahr ist. Natur, Kultur und Spirit sind Eins.

So folgen wir in Erwartung großartiger Enthüllungen Höherer Wirklichkeit den Spuren des Pythagoras, die durch die Geschichte über Michelangelo, Kopernikus, Johannes Kepler, Nicola Tesla, Viktor Schauberger, Hans Kaiser und vielen Anderen direkt zur modernen Quantenphysik führen.

Es geht der Harmonik - als Wissenschaft der Zukunft - darum, die in Vergessenheit geratenen Schätze ganzheitlicher Erkenntnis zu heben. Deshalb gehört die Befragung der Heiligen Schriften und Prophezeiungen spiritueller Seher, die von der verdrängten metaphysischen Wirklichkeit zeugen, ebenso zur harmonikalen Forschung, wie die modernen Theorien der Hirnforschung oder Astrophysik.

Darum kann die Universelle Harmonik einen konstruktiven Beitrag zu einer gesellschaftlichen Verständigung über die relevanten Fragen der Gegenwart leisten und dazu beitragen, die vielen Perspektiven der Einzelwissenschaften zu einer schlüssigen Gesamtperspektive der Einheit von Allem ganzheitlich zu verbinden. Denn die verschiedenen Sichtweisen der unüberschaubar und zahllos gewordenen akademischen Fakultäten und Disziplinen der Neuzeit sind Falten EINES Fächers.

Dabei geht es um eine wahre Fusion der Geistes- und Naturwissenschaften, die auf Grundbegriffen wie Sinn, Ethik und Ganzheitlichkeit aufbaut. Diese „Neue Wissenschaft" wird zu einem völlig neuen Verstehen der Wirklichkeit führen und zweifellos großartige Entwicklungen der spirituellen Erfahrung für den Einzelnen - wie des technischen und kulturellen Fortschritts im Allgemeinen und die Regeneration der geschändeten Natur im Besonderen ermöglichen.

Sollte wirklich Zufall es bewirkt haben, dass das Universum und das Leben entstand? Tatsächlich sind auch die Vorstellungen der Urknall- oder Evolutionstheorie nur Glaubensthesen, die sich der persönlichen Erfahrung entziehen. Ob der Mensch sich naturwissenschaftlich oder geistes-wissenschaftlich orientiert: letztlich bleibt es eine Glaubens-frage, ob jemand an ein zufälliges Entstehen des Alls oder an einen göttlichen Plan glaubt, nach dessen Konzept sich die Moleküle zu vielartigen und erstaunlichen Lebensformen zusammensetzen.

Dass die Menschheitskulturen über einen wesentlich längeren Zeitraum an die Existenz eines allmächtigen Schöpfergottes glaubten, als dass sich die Wissenschaft über diese Frage zerstritt, ist nicht der einzige Grund für die Harmonik, eine göttliche Ordnung hinter, durch und in allen Erscheinlichkeiten des Lebens zu postulieren.

Im Gegensatz zur Anschauung des herrschenden Weltsystems regiert nicht die Materie den Geist, sondern der Geist gestaltet

und wirkt die Materie. Die Materie muss den Gesetzen des Geistes folgen. Materie ist ein vergänglicher Aggregatzustand des unvergänglichen Geistes. ($E = MC^2$, Albert Einstein).
Alles, was für ein lebendiges Verstehen nötig ist, ist da. Es bedarf kaum mehr als eines unvoreingenommenen Blicks, die allfälligen Zusammenhänge des ganzheitlichen Seins zu sehen. Bald wird die Quelle der Weisheit im globalen Dialog und Austausch der Kulturen im steten Strom an Kreativität und Innovation unversiegbar fließen. Nicht länger wird der Mensch die Natur zerstören, sondern in Frieden - und im Einklang mit sich selbst und den Anderen - der Gegenwart des göttlichen Liebegeistes dankbar die Ehre geben.

Die Wissenschaft der Zukunft
Den Jahrtausenden der Menschheitsgeschichte vor dem modernen Weltbild waren dem Menschen Musik, Mathematik, Geometrie, Physik und Spiritualität Eins, und dies sind sie für die Philosophie der Harmonik noch immer.
In den harmonikalen Gesetzmäßigkeiten erklären sich nicht nur die moderne Astro- und Atomphysik oder die Psychologie und Neurologie, sondern lassen sich – über alle historischen und kulturellen Grenzen hinweg, die verschiedenen natur-wissenschaftlichen Disziplinen auch mit den philosophischen und spirituellen Weltanschauungen der Geisteswissenschaften vereinbaren. Deshalb ist der Ansatz der Harmonik geeignet, auch hinsichtlich der großen und drängenden Fragen der Gegenwart einen signifikanten Erkenntnisfortschritt zu fördern. Denn zweifellos verlangt die ökologische Situation der Erde, wie auch die Erfordernis eines ethischen, ökologischen Umgangs mit ihren Ressourcen, nach einem Bewusstseinssprung, der alle Bereiche des individuellen und gesellschaftlichen Lebens durchdringt.
Hier kommt der universellen Harmonik als ganzheitlicher Lehre vom oszilatorischen Universum und dem Schwingungswesen Mensch eine besondere Aufgabe zu, die die Überlebensfragen der Menschheit des 21.Jahrhunderts berührt. Ihre Antworten können wesentlich zur Bildung eines integrativen Bewusstseins der globalisierten Menschheit beitragen und eine Brücke zwischen dem vergessenen ganzheitlichen Weltbild der Vorantike und der Wissenschaft der Zukunft schlagen.

Um die Welt zu verstehen, reicht es nicht, Kontinente und Länder per GPS zu kartographieren oder mit anderen Methoden jeden Zentimeter dieses Planeten zu vermessen. So erhalten wir zwar eine Landkarte, aber keine Vorstellung von der Wirklichkeit der Landschaft. Um das Leben zu verstehen reicht es nicht, den physikalischen, chemischen und biologischen Aufbau der Lebewesen - und auch nicht die atomaren, molekularen und genetischen Strukturen alles Seienden zu kennen. Um den Menschen zu verstehen, reicht es nicht, den konstitutionellen, organischen und zellularen Aufbau seines Körpers zu kennen; auch nicht die Neuronenströme in seinen Gehirnarrealen zu messen, oder seinen DNS-Code quantitativ zu entschlüsseln. All dies wird im wahrhaft göttlich zu nennenden Zusammenspiel erst dann verständlich, wenn man den Geist als den Ursprung allen Seins in die Betrachtung mit einbezieht.

Zum Verständnis der Sozialisation des Menschen sind nicht nur statistische Fakten und philosophische Deutung zu verbinden, sondern auch die Jahrtausende alten Geist-Offenbarungen mit lebendiger spiritueller Meditationserfahrung abzugleichen. Ob schamanisches Geistwirken, psychedelische Drogen, mystische Einweihungsriten oder die Erkenntnis der verschiedenen Wurzeln des Baumes der Religionen: alles dies sind ebenso beachtenswerte Faktoren, die wertfrei in die Betrachtung der menschlichen Wirklichkeit einzubeziehen sind. Als höchst geistvolle Hinweise auf das metaphysische Wesen sind sie – ebenso wie die parawissenschaftlichen Phänomene oder die Forschung diesseitiger und jenseitiger Bewusstseinszustände - relevant. Keine menschliche Erfahrungswelt ist ausgeschlossen aus der ganzheitlichen Erkenntnis des Seins.

Die Universelle Harmonik findet in ihrer Erklärung der Welt keinen Widerspruch zwischen den verschiedenen Anschauungen der Zeiten und Kulturen, sondern verbindet alle Perspektiven integrativ in ganzheitlicher Sicht.

Deshalb vermag die Harmonik zu einem besseren Verstehen der Höheren Wirklichkeit zu führen und in der Gegenwart dazu beizutragen, die Vergangenheit der Menschheit mit ihrer Zukunft im Hier und Jetzt zu einen. Sie kann eine Brücke zwischen der Außen- und Innenwelt bauen und dem Suchenden den Weg zum Einklang mit sich und Allem weisen.

Die Welt-Harmonik

Die Rückerinnerung an die vergessene harmonikale Wirklichkeit des Menschen und alles Seienden wird Bewusstseinsprozesse fördern, die für das Dritte Jahrtausend überlebensnotwendig sind. So hängt die Zukunft der Menschheit unmittelbar von ihrer Fähigkeit zur geistigen Erneuerung und ihrem Willen zur Korrektur des Weges ab. Hier kann die „Universelle Harmonik" den modernen Wissenschaften wichtige Impulse geben. Denn sie versteht sich nicht als Alternative zu diesen, sondern vielmehr als deren interdisziplinäre Ergänzung.

Als ganzheitliche Weltanschauung lehrt die Harmonik die Einheit aller menschlichen Wissenschaft und schließt dabei auch die Religionen und mythischen Überlieferungen der Kulturen nicht aus. Denn tatsächlich ergänzt sich die naturwissenschaftliche Erkenntnis des „Wie?" vollkommen mit der geisteswissenschaftlichen Beantwortung der Frage „Warum?".

Das „ganzheitliche Weltbild" der Harmonik kann tatsächlich zu einem friedlicheren Miteinander der Menschen auf diesem Planeten und einem verantwortungsvolleren Umgang mit den Ressourcen der Erde beitragen. Die Harmonik sieht eine Ordnung, die - von den Mikro- bis zu den Makrostrukturen des Universums - alle Bereiche des Seins umfasst. Der Grund für die besonders seit Anfang des 20. Jahrhunderts ins Ungleichgewicht geratene Biosphäre ist in der fortgesetzten Missachtung dieser harmonikalen Ordnung zu suchen.

Das All, die Erde und alles um und auf ihr ist Schwingung. Dies ist gesicherte Erkenntnis der modernen Physik.

„Nichts Neues", mag ein Hinduist sagen: „Nada Brahma: Die Welt ist Klang". Denn schon die vieltausend Jahre alten Heiligen Schriften der Veden sprechen davon, dass die Schöpfung zuerst Klang sei, dessen vielfältige Schwingungsformen die universelle Ordnung erschaffe.

Auch die alten Griechen hatten noch eine Ahnung von diesem „geordneten All der Schwingungen", deshalb nannten sie das Universum „Kosmos" (griechisch = Ordnung). Wie noch der griechische Philosoph Heraklit um 500 v.Chr. wusste:

> „Panta Rhei." = „Alles fließt."

Weder im Makro- noch im Mikrokosmos gibt es Stillstand. Alles ist in Bewegung. Alles ist Schwingung. Diese Erkenntnis steht im Widerspruch zur immer noch herrschenden Welterklärung eines bloß materiellen, vergänglichen Ursprungs der Welt und postuliert stattdessen ein ewiges geistiges Sein.

In weiser und liebevollster Voraussicht plante der Geist des Höchstbewusstseins das Universum – und versetzte es mit allem, was jemals war und jemals sein wird in Schwingung.

Die universelle Schwingungslehre der Harmonik beschreibt den göttlichen Bauplan des lichtdurchfluteten Alls in seinen Beziehungen von Klang und Form und Zahl. Sie ist die Lehre der Erkenntnis, wie das Eine mit Allem zusammenhängt.

Heute kann die Rückerinnerung an diese „Ganzheitliche Wissenschaft des Seins" dazu beitragen, den Menschen mit sich selbst zu versöhnen und wieder in Harmonie und in Einklang mit Allem zu bringen: ihn mit sich – und mit ihm seine Welt – in Resonanz mit dem Seienden zu harmonisieren. Denn zuinnerst ist auch der Mensch ein geistiges Schwingungswesen; ein pulsierendes harmonikales Rhythmus- und Schwingungsfeld - ein Instrument, das zu stimmen und „in Tune" zu bringen ist. Sein energetisches Feld steht in Wechselwirkung mit den unterschiedlichsten Kraftfeldern aller Schwingungsfrequenzen. Alle Energien – gleich ob Licht in seinen vielfältigen Schwingungsformen, Gravitation, elektrische, magnetische, chemische oder mechanische Kräfte – wirken innerhalb der Strukturen der Schwingungsmatrix in feinst tarierter Beziehung zueinander. Sie wechselwirken nach göttlichem Plan innerhalb der Ordnung des Seins, die alle mikro- und makrokosmischen Strukturen harmonisiert. So auch das innere Universum des Menschen, dessen Mitte und rhythmischer Taktgeber sein Herz ist.

„Die Welt ist Klang"

– übersetzte J.E. Behrendt das Sanskritwort ´Nada Brahma´. Genauer wäre die Übersetzung: ´Gott ist Klang´, denn tatsächlich meint „Nada Brahma" mehr als nur den Klang der Welt – denn „Brahman" ist der Name des vedischen Schöpfergottes. „Gott ist Klang". Dies besagt, dass die Energie, die das gesamte Universum erschuf und erhält, Klang (= geordnete Schwingung) ist.

Seit Gott durch Seinen Anhauch oder Sein Schöpfungswort die Urschwingung in Bewegung versetzte, fließen die universellen Energieströme und wirken gezielt die Erfüllung des göttlichen Planes. Jede Schwingung ist ein energetischer Impuls Gottes, denn außerhalb von Ihm existiert Nichts. Schon in den vieltausend Jahre alten Heiligen Schriften des vedischen Wissens steht geschrieben, dass die Schöpfung als subtile Schwingung der universellen Ordnung zuerst eine Klangform sei. Der Gegenstand der harmonikalen Forschung ist also nicht nur die musische Harmonienlehre, sondern vor allem auch die „Klangwelt" des körperlichen, seelischen und geistigen „Schwingungswesens" Mensch als Erkenntnisfeld geordneter kosmischer Schwingungswirklichkeit.

Das Wort: „Alles ist Schwingung." hört sich zunächst wie eine Reduktion der Wirklichkeit auf ein Schlagwort an. Aber es trifft die Wirklichkeit genau: das Universum schwingt. Schwingung ist Licht, Klang und Bewusstseinskraft. Das biologische Leben auf der Erde in all seinen Erscheinlichkeiten ist - wie alles Sein im All - ein rhythmisch organisiertes System sich überlagernder Frequenzen und Schwingungen, die wir „Matrix des Lebens" nennen (auch wenn sie gleichfalls alles anorganische, atomare und subatomare Schwingen miteinbezieht). Diese „Matrix des Lebens" reicht über die vergleichsweise bescheidene sinnliche Wahrnehmung des Menschen weit hinaus. Sie zeugt von der wechselwirkenden Schwingungswirklichkeit des Alls. Die in ihrer interagierenden Existenz nur teilweise bekannten Bandbreiten und Wellenlängen dieses morphogenetischen Feldes reichen von der Periodik der Proteine oder Moleküle (den kleinsten stofflichen Komponenten irdischen Lebens), über die hör- und sichtbaren elektro-magnetischen Wellen, die unsicht- und unhörbaren Bereiche der Funk-, Mikro- und Röntgenstrahlung – bis zur noch weitgehend unerforschten ´Kosmischen Höhenstrahlung´.

Doch nicht nur alle kosmischen und mikrokosmischen Prozesse sind Schwingungen, nicht nur alle Erscheinlichkeiten der Materie, des biologischen Lebens – nein, auch die Gedanken, Ideen, Worte und Handlungen eines Menschen sind Schwingungen: Bewusstseinsenergien bestimmter Wellenlänge. Von der Bewusstheit eines Atomes bis zum erwachenden Allbewusstsein – setzt die „Schwingungsmatrix" alles Seiende nach harmonikalem Maß ins Verhältnis. Wenn der Mensch diese

Frequenzen zwar nur zum allerkleinsten Teil sehen und hören kann, so kann er jedoch viele messen und - in sich selbst erlebbar - als Wellenlängen der verschiedenen Dimensionen seines Bewusstseins entdecken.

Der Kosmos der Zahlen

„Alles ist Zahl." (Pythagoras)

Durch die Ordnungen der Zahlen erschuf Gott die Welt.
Die Zahlen haben nicht nur eine quantitative Bedeutung, sondern insbesondere auch eine weltenbildende Qualität.
Die Zahlen sind für die geistige Entwicklung des Menschen ebenso bedeutsam, wie seine Sprachbegabung, die ihn – als zugleich mentale Denkbegabung – von den anderen Lebewesen unterscheidet. Es gab eine Zeit, in der die Menschen die Harmonik der Zahlen, mit denen Gott die Universen und das Leben nach Plan ins Sein rief – in unmittelbarer Anschauung in sich selber fanden und intuitiv verstanden. Doch das Verständnis vom qualitativen Wert der Zahlen, die das Universum ordnen, geriet weitgehend in Vergessenheit.
Obwohl Kinder heute schon mit Millionen und Milliarden rechnen, weiß man im Grunde nichts mehr von der inneren Bedeutung – auch nur der ersten neun Grundzahlen. Dabei erschließt sich erst im Verstehen des qualitativen Sinns der Grundzahlen (aus denen alle Zahlen der Unendlichkeit sich zusammensetzen) das menschliche Sein und der Aufbau der Welt. In der harmonikalen Mathematik sind die Grundzahlen zugleich Prinzipien und geistige Naturgesetze. Die Erinnerung an diese verborgenen inneren Zahlenwerte lässt – durch das Scheinbare hindurch – das wahrhaft Seiende erkennen. In der Universellen Harmonik sind Zahl, Klang und Form nur verschiedene Ausdrucksformen Desselben. Sie bringt die in Vergessenheit geratene Qualität der Zahlen in Erinnerung. Denn die Zahlen der Mathematik entstammen denselben Gesetzmäßigkeiten in Raum und Zeit, die sich auch als Schwingungswirklichkeiten der Musik und als konstruktives Maß aller Geometrie darstellen. In der Harmonik hat also jede Zahl eine mathematische, geometrische, musikalische und geistige Dimension.

Harmonikal klingt ein rechteckiger Tisch mit seinen vier Beinen wie eine Quarte; ein dreiblättriges Kleeblatt wie eine Terz – und das fünfsternige Kerngehäuse eines Apfels wie eine Quinte. Die Systeme der Siebenheit oder der „12" finden sich ebenso in den kosmischen Rhythmen der Zeit, wie in den Strukturen des chronobiologischen und seelischen Wesens des Menschen.

Die Null

In der 0 ruht das Alles der göttlichen Liebe im unfasslichen Nichts. Es ist der Gott im „Unzugänglichen Licht" der jüdischen Thora, das „Nichts" der Veden und Buddhisten, das zugleich der Urgrund von Allem ist. Der Geist Gottes ruht in Sich Selbst. Es gibt weder Raum noch Zeit. Alles ist Licht. Alles ist Liebe. Während ansonsten jede Zahl im „kosmischen Koordinaten-Kreuz" in sich die Möglichkeit der positiven oder negativen Deutung enthält, entzieht sich die Null, als Zentrum des kosmischen Koordinatenkreuzes, jeder bipolaren Wertung von Plus und Minus oder Zeit und Raum.

Die Eins

Warum die göttliche Liebe aus dem Alles und Nichts des Urgrunds der Null mit der „1" den Anfang der Schöpfung aus Sich herausstellte, mag im Wesen der Liebe begründet sein, denn es ist die Wesenheit der Liebe zu lieben. Deshalb ist die Schöpfung erschaffen worden, damit sich die Liebe ein geliebtes Gegenüber erschaffe. Und obwohl sie nichts bedarf, da alles Ihres ist, möchte Sie in freiem Fühlen widergeliebt sein. In der Eins stellt die in Sich ruhende Liebe Sich aus Sich Selbst heraus. Diese Eins stellt den Schöpfergott dar, der die Entstehung aller anderen Zahlen bedingt, die es ohne diese Eins nicht gäbe. Er ist das EINE Leben, das in Allem lebt.

> *„Alle Dinge sind durch dasselbe gemacht,*
> *und ohne dasselbe ist nichts gemacht,*
> *was gemacht ist."* (Johannes 1,3)

Mit diesem Nachaußentreten, der zuvor in sich ruhenden Gottheit, entsteht das Kosmische Koordinatenkreuz mit den Dimensionen von Innen und Außen. Mit der Eins (1) eröffnen sich die noch leeren mikro- und makrokosmischen Räume der Universen für die weiteren Schöpfungen der Gottheit, die Sie mit Ihrer göttlichen Lebens- und Schöpferkraft nach Ihrem „Ebenbild" erschafft. Denn aus der Eins sind alle Zahlen entstanden. Auch die Zwei (2 = die Bipolarität der Welt, die der Verstand des geistig degenerierten Bewusstseins einzig nur als `Wirklichkeit´ zu erkennen vermag) ging aus ihr hervor.

Die „1" ist gleichsam der Grundton, der in allen irdischen Systemen schwingt. Nicht zufällig ist die Eins die einzige Zahl, durch die alle anderen Zahlen (auch Primzahlen) teilbar sind. Gerade in ihrer Bedeutung als „Zeichen der ganzheitlichen Einheit" zeugt die Zahl „1" von der Existenz einer höheren Ordnung. Die EINS ist das Symbol für den Anfang und die Einheit der Weltenschöpfung, ist das mathematische Sinnbild für jene erstrebenswerte höhere Vereinigung von Kosmos und Überkosmos – von Mensch und Gott, die von den Sehern „Unio Mystica" genannt wurde.

Der Ausspruch von Meister Ekkehart (um 1260–1327):

> *„Wäre ich nicht, so wäre Gott nicht*
> *— ich bin die Ursache meiner selbst und aller Dinge."*,

wird oft anders interpretiert, als ihn der christliche Mystiker meinte: `Gott sei eine Schöpfung des menschlichen Gehirns.´

Dass er, der für eine transzendierende christliche Mystik steht, die den heutigen institutionalisierten Kirchen weitgehend verloren gegangen ist, obigen Aussprach nicht im Sinne einer „Degradierung Gottes zum Phantasieprodukt des menschlichen Verstandes" gemeint hat, erläutert ein anderes Wort von ihm:

> *„Einfältige Leute glauben, sie sollten Gott so sehen,*
> *als stünde Er dort und sie hier.*
> *Das ist nicht so. Gott und Ich sind eins!"*

Die Zwei

In der Erschaffung des Menschen stellt der Schöpfergott (1), der aus Seinem inneren Urgrund (0) nach Außen trat, mit der Erschaffung geistiger Wesen nach Seinem ewigen Maß, die Zahl Zwei aus sich heraus – und nennt sie „Licht" oder „Sohn". Nicht zufällig bedeutet die Zahl Zwei (wie heute noch in hebräischer und arabischer Sprache, die mit jedem Buchstabensinn auch einen Zahlenwert verbindet): „Sohn".

Nach Seinem ewigen Maß stattet Gott Seinen ersten Sohn, (der in Mexiko „Diabolo" = „Entzweier"; und in der christlichen Mystik „Luzifer = „Lichtträger" genannt wird) mit Seiner göttlichen Schöpferkraft und Seinen 7 Eigenschaften (womit bereits die 9 Grundzahlen angedeutet sind, die in den 7 Farben des Regenbogens sichtbar – und in den 7 Tönen der Oktave hörbar werden) – auch mit der Freiheit des Willens aus. Weil dem urgeschaffenen Geist (2) alle Freiheit gegeben ist, wundert es nicht, dass er sich aufgrund seines Eigenwillens aus dem Einssein mit Gott (1) entfernt und somit zum scheinbaren Gegenpol der göttlichen Einheit wird.

Tatsächlich existiert nichts außerhalb von Gott und erfüllt auch Luzifer oder der Diabolo nichts anderes als den göttlichen Plan, wie in der indischen Glaubenslehre ersichtlich wird: dort ist „Shiva" der Zerstörer, der alles vernichtet, was nicht auf dem Fundament der göttlichen Wahrheit steht, um den Boden für Weiterentwicklung zu bereiten.

In dieser Entscheidung des scheinbar abtrünnigen Sohnes (Es gibt nichts, das außerhalb von Gott existiert) - ist der geistige Grund für den physikalischen Urknall zu suchen, mit dem die Entstehung der Materie begann: Mit dem luziferischen Minuspol entstand in diesem Augenblick des luziferischen „Nein" zum „Ja" der Liebe Gottes die Finsternis als Gegenpol des Lichtes und das bipolare Universum der Gegensätze.

Mit seinem „Nein" zum „Ja" Gottes erweitert Luzifer das Kosmische Koordinatenkreuz um die Negativquadranten sowie um die Dimensionen der Länge, Weite und Höhe in ihrer räumlichen und zeitlichen Ausdehnung.

Die Bipolarität der Welt

Während die Zahl EINS also ein Bild für „Kernfusion" ist, in der alle Gegensätze vereinigt sind, ist die Zahl ZWEI das Symbol der „Kernspaltung", die Trennung des Geeinten schafft.

Das System der Zwei spiegelt sich in allen Zuständen der Welt, in der alles zwei Seiten hat. Die erdmagnetische Antriebsfeder der Bipolarität zeigt sich in allen Erscheinlichkeiten der Welt und des Alls. Als Muskel und Gegenmuskel sind die harmonikalen Gesetzmäßigkeiten der beiden Pole „Plus" und „Minus" zweifellos unerlässlich für den Ausgleich von Ruhe und Bewegung. Und doch: Es gibt keine Ruhe ohne Bewegung und kein Plus ohne Minus – und somit bedingen sich in der Welt der Gegensätze auch die Kontrapole als Eines.

Nicht erst seit Zarathustra vor 2600 Jahren in Persien und dem etwa 5000 Jahre alten „I Ging" der Chinesen ist der Menschheit dieses Wechselspiel der Gegensätze bekannt: man hatte die Bipolarität der Erde und alles auf ihr Befindliche gründlicher erkannt, als es später jemals eine philosophische Dialektik der Neuzeit hätte formulieren können. Immerhin erklärt die altchinesische Weisheit des I Ging mit „Yang" und „Yin" nicht nur das bipolare System der Welt, sondern auch die Zahlenstruktur der DNS und die moderne Computertechnik des „Dualistischen Systems", das Gottfried Wilhelm Leibniz (1646 – 1716) in die mathematische Form von „0" und „I" goss. Auf diesem System von „An" und „Aus" (oder „Plus" und „Minus") basiert alle Erscheinlichkeit der bipolaren Welt.

Die Autonomie der Entscheidung ob „An" oder „Aus", die bis in die jede einzelne Zelle eines Lebewesens reicht, findet nicht nur Ausdruck im Prinzip von „Leben und Tod" – sondern auch in der freien Entscheidung des Wesens: ob „Ja" oder „Nein" zur Liebe Gottes. Der Mensch entscheidet frei, ob er in der Bipolarität des veräußerlichten Bewusstseins verbleiben – oder zum geistigen Ursprung allen Seins – in die Einheit mit Allem zurückkehren will. Die Geduld der Liebe, die sanft anklopft, ist unerschöpflich. Die Rückerinnerung an das uralte Menschheitswissen ist vom Geist Selbst inspiriert, der sowohl die äußeren Räume der Universen, wie auch unsere inneren Räume nach Seinem harmonikalen Maß erschuf. Dieser göttliche Geist ist der große Kreator, der das EINE Leben in allem Lebendigen ist. Er ist das EINE Bewusstsein, dessen sich jedes Lebewesen nach seinem Fassungsvermögen bewusst wird. Das Maß der Empfängnis dieses göttlichen Bewusstseins wird allein vom Fassungs-vermögen des Wesens und dessen Bereitschaft zur Aufnahme bestimmt.

Die Regredierung des Bewusstseins

Nachdem die Nachkommen des ersten Menschenpaares sich in Sippen und Stämme geteilt hatten, aus denen die Völker hervorgingen, bewahrten die entstehenden Kulturen und deren Religionen die einstige Erkenntnis der Ganzheitlichkeit des Inneren und Äußeren EINEN Seins in ihren unterschiedlichen Perspektiven. In Ermangelung der unmittelbaren einstigen Anschauung von der inneren Welt, deutete und interpretierte man nun die Zeichen und Symbole der Überlieferungen im äußeren Verstandes-Spiegel. Anstatt wie einst in Allem den Einen göttlichen Ursprung zu sehen, vermutete man bald in den verschiedenen Eigenschaften des einzigen allumfassenden Gottes unterschiedliche Götter, obwohl sie doch nur verschiedene Erscheinungen desselben EINEN waren.

In zunehmender Bewusstseinstrübung begann man dann im alten Babylon in den verschiedenen Erscheinungen der göttlichen Schöpfung zahllose Götter zu verehren und betete die Sterne, die Natur, das Wasser und das Feuer an. So kam der Irrtum in die Welt.

Noch spätere Generationen übersetzten die Worte, Zeichen und Bilder, die von den Generationen der direkten Anschauung des ganzheitlichen Weltbildes überliefert waren, nicht mehr in ihrer innerlichen – sondern nur noch in ihrer äußerlichen Bedeutung.

So entstanden aus dem einstigen holistischen Wissen von der Ganzheitlichkeit alles Seienden viele verschiedene Perspektiven des Einen Seins. Ursprünglich aber war die Erkenntnis ungeteilt und EINS.

Doch es wäre die Liebe Gottes nicht die Liebe, wenn sie den Menschen, der durch seinen Irrtum eigenverantwortlich aus dem Reich des Geistes in die Reiche der Natur und Materie hinab stieg, nicht durch die Evolution des Bewusstseins seine schließliche Erlösung aus der Selbstentfremdung geplant hätte.

Dieser göttliche Plan zielt auf die Befreiung des Menschen durch seine freiwillige Heimkehr aus der irdischen Welt in das innere Reich des Geistes: seiner eigentlichen Heimat von Ewigkeit.

Die Überwindung der Bipolarität der Welt und die Rückkehr in die Integrität der Einheit mit Gott ist das Grundthema aller Religionen. Das Ziel dieser Wieder-Eins-Werdung ist das Leben in der verloren gegangenen höheren geistigen Wirklichkeit.

Von allen ursprünglichen Menschheitskulturen ist überliefert, dass die irdische Welt nur ein „virtuelles" Spiegelbild dieser überirdischen Realität sei. Die spirituellen Schulen lehren: Der Mensch könne zu seiner Befreiung aus der materiellen „Scheinwelt" (Sanskrit: „Maya") wie aus einem Traum zu einem vollkommeneren Sein erwachen. Es gelte die Illusion der materiellen Körperlichkeit zu überwinden, um das „wahre Leben" zu finden. Darum ersehnen die östlichen Religionen die Befreiung aus dem „Rad der Wiedergeburten", um im Nichts (0) des Nirvanas aufzugehen, weil in dieser bipolaren Welt (2) jede Freude zugleich auch immer mit Leid verbunden sei.

Das Weltbild der Gegenwart

Doch noch immer ist die bipolare Weltsicht die herrschende Philosophie der Gegenwart. Die Bipolarität bestimmt das gesellschaftliche Denken und das Handeln der Regierenden im Schach der Macht - des Kampfes von Schwarz gegen Weiß und Weiß gegen Schwarz. Sie ist das Manifest des Systems der Weltwirtschaft und der Politik. Sie ist derzeit noch allgemeiner Bewusstseinszustand der Gesellschaft. Wie auch anders? Lernen wir doch schon als Kinder – im Spiel und beim Wettbewerb der Sportarten – Konkurrenz statt Kooperation!

Es gilt als normal, dass man danach trachtet, sich gegenseitig zu besiegen und die Mitspieler aus dem Spiel zu werfen, anstatt sich gegenseitig in der Erreichung eines gemeinsamen höheren Zieles zu fördern. (Nur das gemeinsame Spiel beim Musizieren fördert das Aufeinanderhören und die gegenseitige Erbauung). Solange der Erfolg des Einen auf dem Verlust eines Anderen baut, wird die menschliche Gesellschaft keinen Frieden finden. Im unaufhörlichen Wechsel der Gezeiten bewirkt das bipolare System von „Schwarz und Weiß" mit der Stärkung der einen – gleichzeitig auch immer die Schwächung der anderen Seite. Je weiter ein Extrem von der Mitte entfernt ist, umso stärker ist das Widerstreben des Gegenpols.

Aber diese philosophische Utopie der „Evolutionstheorie", auf der sich die moderne Konkurrenzgesellschaft gründet, taugt nicht mehr für die Gegenwart und die Zukunft des 21. Jahrhunderts. Dies derzeit noch herrschende Gesellschaftsmodell ist ein Relikt vergangener Jahrhunderte, das es zur Entfaltung der Menschheit in der Höheren Wirklichkeit des Einsmit-Allem-Seins schnellstmöglich zu überwinden gilt. Ohne diesen Wandel des Bewusstseins wird sich kein Mittel zur Bewältigung der drängenden existenziellen Fragen, die das Leben auf diesem Planeten bedrohen, finden lassen.

Nicht eher wird sich die alle Energieprobleme der Menschheit lösende Kraftquelle finden lassen, solange sie der Mensch machtpolitisch missbrauchen würde, um noch todbringendere Waffen zu konstruieren – oder seine Mitmenschen damit auszubeuten.

In den Köpfen der Politiker und Mächtigen dieser Welt ist das politische System von „Links" und „Rechts" zu überwinden, weil dies die wahre Verantwortlichkeit erfordert.

Es sei denn, der Mensch will mit seiner vermeintlich „aufgeklärten" Vernunft weiterhin der Unvernunft dienen. Denn ohne eine grundlegende Systemänderung wird der Tag der gesamtgesellschaftlichen Bankrotterklärung kommen, an dem man einsehen muss, dass wahrer Reichtum weder monetär, noch quantitativ zu bemessen ist.

Die Philosophie der Universellen Harmonik überwindet das bipolare Denksystem und eröffnet die Sicht auf die Höhere Wirklichkeit, die sich über alle Gespaltenheiten der entzweiten Weltsicht zur Erkenntnis der Einheit alles Seienden erhebt: „Unio Mystica".

Doch ehe der Mensch die Bewusstseinsspaltung des bipolaren Denkens überwinden und zur Ganzheitlichkeit des ungeteilten Seins finden kann, wird er mit allem was er tut, auch immer das Gegenteil seiner Absicht bewirken. Solange wird das Wechselspiel der beiden Pole das Verstandesdenken des Menschen noch beherrschen, bis er endlich seine als getrennt wahrgenommenen Hälften von Hirn und Herz miteinander verbindet.

Die „Philosophie" der Liebe

Das System der Welt – die wirtschaftspolitische Herrschaft über den Menschen, die noch nach dem Weltbild des 18., 19.- und 20. Jahrhunderts agiert - ist für die Gegenwart ein viel zu eng gewordenes Kleid. So wird es dem Menschen wie eine Erlösung vorkommen, wenn er sich von der Vorherrschaft des Geldes in der Welt befreit, um das Leben zu leben.

Denn der sich selbst noch weitgehend unbekannte Mensch ist ein harmonikales Wesen: Licht stimuliert und steuert jede Zelle seines Körpers; sein Bewusstsein ist kosmische Schwingung und Energie; der Rhythmus seines Herzens ist der Taktgeber seines Lebens.

Die uralte und brandneue Philosophie der Universellen Harmonik erinnert daran, dass der Mensch – als selber harmonikales Wesen - Verantwortung gegenüber seiner eigentlichen Berufung und dem Leben hat. Sie kann zur Definition eines neuen Wertbegriffs beitragen, der nicht nur den quantitativen Maßstab kennt – sondern auch die qualitativen Werte eines inneren Reichtums benennt. Der Mensch wird zu erkennen haben, dass sein Menschsein nicht ausmacht, was er *hat*, sondern das, was er *ist*.

Als Ganzheitliche Wissenschaft formuliert die Harmonik ein Ideal, das dem einzelnen und allen Menschen als Vision des 21. Jahrhunderts Motivation und Orientierung geben kann. Auf diese Weise kann sie zur Harmonisierung des offenbaren Missklangs der Welt beitragen, indem sie hilft, den Kopf des Menschen mit seinem verleugneten Herz wieder in Verbindung zu bringen. Dann wird er – Eins mit sich selbst geworden - die harmonikalen Prinzipien und die ihm verliehene göttliche Kraft der Welterschaffung neu entdecken.

Wie gern zeigte sich der all-einige Liebegeist im Leben jedes Einzelnen und in der menschlichen Gesellschaft insgesamt, wenn man Ihm nur Raum in den verleugneten Herzen geben wollte?! Die Freude der göttlichen Gegenwart der Liebe möchte von Jedem, in jedem Augenblick neu und in steter Hinwendung, gelebt, geliebt und erfahren sein. Nichts sehnlicher wünscht sich die all-eine Liebe, als sich in das Herz des geliebten Kindes zu schenken.

Der herzgeeinte Mensch wird fühlen, dass sein Herzschlag Teil eines umfassenderen Rhythmus` ist, in dem das ganze Universum schwingt – in Bewegung versetzt durch die Liebe. So überkommt ihn eine wunderbare Ahnung von der „Höheren Wirklichkeit", die dem „Kopf" ewig unergründlich bleiben muss, weil kein noch so dickes Buch des analytischen Verstandes diese lebendige Erfahrung des Herzens umfassend beschreiben kann. Wollte der Mensch sich doch aus der Gespaltenheit seiner bipolaren Welt in das „Eins-mit-Allem-Sein" erheben lassen! Dann würde er – über alle Grenzen diesirdischer Erfahrung hinweg (wo auch der natürliche Tod im Erkennen des ewigen Lebens bedeutungslos ist), die lichte Wirklichkeit des geistigen Seins erfahren.

Stets mehr und mehr werden sich Jenem, der sich in Lieberesonanz auf die Gaben seines Geistes besinnt, die unendlichen inneren Räume öffnen.

Liebeerfüllt wird der Mensch erkennen, dass er in Wirklichkeit weder von sich selbst, noch von Gott je getrennt war, sondern mit dem Urgrund allen Seins immer lebendig in Verbindung steht.

Der Bilder innerer Sinn

Quantitatives Wissen und qualitativer Sinn

Allem Sein innewohnend wechselwirken Innen und Außen gemäß dem Gesetz der Analogie. Das ist das universelle Analogiegesetz: Allem Äußeren wohnt ein innerlicher Sinn inne. Alles Quantitative birgt eine Qualität. Jede Zahl ist nicht nur quantitativer Wert, sondern trägt auch eine innere Bedeutung in sich. Jeder Buchstabe, jedes Symbol hat nicht nur eine äußerliche Verständnisebene, sondern auch einen innerlichen, energetischen Sinn. Den äußerlichen, quantitativen Wert erfasst der Verstand durch „Zählen, Wiegen und Messen"; den inneren qualitativen Wert erfasst die Intuition durch Erkenntnis im Glauben und Fühlen des Geistes. Gefühl und Verstehen sind die beiden Flügel der Seele. Der äußerlichen Betrachtung bloßen Verstandeswissens - ohne das intuitive Herzverstehen - muss der innere Sinn verborgen bleiben. Ohne die Erkenntnis der innewohnenden geistigen Qualität der äußerlichen Symbole bleibt alles Wissen nur statisch.

"Der Buchstabe tötet, aber der Geist macht lebendig"
(2 Korinther 3,6)

Indem der allbelebende, vollkommene Geist ignoriert und das ewige seelische Sein aus der Betrachtung ausgeschlossen werden, kann es kein ganzheitliches Verstehen geben, denn für die inneren Werte hat der Verstand kein Maß.

Das „Höhlengleichnis" Platons ist eine Beschreibung für die bloß äußerliche Wahrnehmung des Verstandes, der die lichte Wirklichkeit des Seins lediglich als Schattenbilder wahrnimmt. Deshalb soll es bei den folgenden Interpretationen überlieferter Bildersprache nicht nur um eine bloß quantitative Betrachtung des Menschen, seiner Welt und des Universums gehen, sondern zugleich der Versuch des Herzverstehens unternommen werden, (wenngleich uns bewusst ist, dass auch die folgenden Deutungen mystischer Menschheits-Analogien in symbolischen Buchstaben formuliert sind, die wieder nur Schattenbilder der Wirklichkeit sind). Warum wird der Verstand irre an den Heiligen Schriften der Menschheit? Weil sie in Analogien – in Bildern eines inneren Entsprechungssinns – sprechen, die der

Deutung bedürfen.

Da mag es vorkommen, dass Jemand, der am äußerlichen Buchstaben klebt, es wortwörtlich nimmt, dass Gott tatsächlich die Schöpfung in sechs Tagen erschaffen habe – bereit, erbittert für diese vermeintliche Wahrheit gegen die „Ungläubigen" zu kämpfen. Dogmatiker der Religionen oder esoterischen Glaubensrichtungen versteigen sich soweit, dass sie meinen als „Lichtkämpfer" die Rechte Gottes verteidigen zu müssen (als hätte Dieser ihre Hilfe nötig). Dogmatiker der wissenschaftlichen Verstandesschulen hingegen glauben sich im Namen der Rationalität berufen - mit den „Kreationisten" gleich alle Gläubigen bekämpfen zu müssen – und gar Gott Selber als Irrtum abzutun.

Woher kommt diese Spaltung des menschlichen Bewusstseins in einen quantitativen äußeren – und einen qualitativen inneren Sinn? Worin liegt der Grund für diese Trennung in eine verstandesgemäße Scheinwelt und die innergeistige Wirklichkeit? War das schon immer so?

Tatsächlich berühren wir hier den tiefsten Grund allen Irrtums, der allem menschlichen Leid zugrunde liegt. Denn alles Leid des Individuums und der Welt entsteht aus der (zumeist unbewusst) tief empfundenen „Schuld" des Sich von Gott getrennt Erlebens. Und wirklich gibt es keine andere Sünde und keine andere Schuld als diese eine nur: der vermeintlichen Trennung vom Göttlichen in sich selbst. Alle weiteren Schuldzuweisungen, Selbstbeschuldigungen, aller empfundener Mangel und alles vermeintliche Leid haben hier ihre Wurzel und ihren Grund: die Leugnung der Einheit mit Gott und der Ewigkeit der eigenen Seele. Aus diesem „Grundübel" (von den Weltreligionen auch „Erbsünde" genannt) erwachsen alle anderen Schuldgefühle, als da beispielsweise sind: Angst, Trauer, Neid, Minderwertigkeit – als Folge eines sich Selbst und den Anderen Nichtvergebenkönnens.

Das Problem der Beschreibung der Ursache des Sturzes aus der Einheit mit Gott, den Anderen und sich selbst besteht in der Unmöglichkeit des Verstandes, die einstige Ganzheitlichkeit des Seins zu verstehen, weil er dafür keine Begrifflichkeit hat. Das verhält sich ähnlich mit Worten wie „Liebe" oder „Wahrheit": man kann sie nur insoweit verstehen, wie man selbst „die Liebe" erfahren – oder „die Wahrheit" erkannt hat. Weil der qualitative Sinn dem quantitativen Verstehen verschlossen bleibt, sprechen die alten Weisen, Propheten und Seher in Analogien. Dass diese Analogien in den unterschiedlichen Kulturen, Religionen oder Weltanschauungen einen ähnlichen Sinngehalt jedoch völlig verschiedenen ausdrücken – im alten Ägypten anders als im alten Indien, China oder Persien - erschwert das Verstandesverstehen zusätzlich. Für Metaphern der ägyptisch-jüdisch-christlichen Religion haben andere Religionen nicht weniger treffliche Bilder (die einander nicht ausschließen – sondern vielmehr ergänzen). Doch muss der Normalverstand an diesen Sinnbildern verrückt werden, weil er weder von der inneren Symbolsprache der Metaphern, noch von Liebe oder Ewigkeit etwas versteht.

Wenn bisher vom Verstand etwas abfällig als dem bloßen „Organ des Zählens, Wiegens und Messens" gesprochen wurde, dann meinte dies lediglich die unterste Sprosse der Leiter des sich zur Vernunft hinaufdenkenden Verstehens, die mit der Fähigkeit zur Erkenntnis der Wahrheit, der Weisheit und der Erleuchtung noch viele Sprossen des geistigen Aufstiegs bereit hält. Auf einer höheren Erkenntnisebene erlangt der Verstand die Fähigkeit zur Abstraktion und die Analogien zu deuten und zu entschlüsseln. Deshalb sprechen die Weisheitslehren der Menschheit (gleich welcher kulturellen, religiösen oder spirituellen Anschauung) in Entsprechungsbildern, die dem (noch über der höchsten Mentalebene liegenden) Supramental entstammen, um auf diese Weise dem veräußerlichten Bewusstsein des sich von Gott und sich selbst entfremdeten Verstandes durch Abstraktion der Analogien ein Verstehen des innerlichen Sinns der Bilder und Symbole zu ermöglichen.

Was teilen uns die Metaphern der verschiedenen Schulen des Glaubens über den Grund mit, warum der Mensch aus seinem einstigen ganzheitlichen Bewusstsein des Eins mit Allem Seins, (das bis auf den heutigen Tag die Wiege aller menschlichen Kultur und Wissenschaft ist), in die bloß äußerliche Sichtweise des Sich von Gott getrennt erlebenden Verstandes hinabstieg? Das altchinesische I Ging und die altindische Weisheit der Veden stellen den Grund anders da, als die mythologischen Bilder Zarathustras, des Judentums oder des Christentums. Legt das I Ging eher nüchtern geometrisch-mathematisch wert auf die Hinweisung der Einheit der Zweiheit (Yin und Yang), zielt die indische Mystik ganz konkret auf den Weg der Rückfindung zur Einheit mit der Göttlichkeit des Atman, der allem Lebenden innewohnt. Die Analogien hebräischer, zarathustrischer, christlicher und islamischer Tradition hingegen weisen einen entsprechungsreichen Bilderreichtum auf, der zugleich mit dem Grund für das Getrennterleben der Wesen - auch die Entstehung der Universen - erklärt.

Der Sturz aus der Einheit in die Bipolarität
Als die „aufgeklärte" Wissenschaft Gott vom Thron stieß, (um selber darauf Platz zu nehmen), geschah dies in der Menschheitsgeschichte nicht zum ersten Mal. `Sich über Gott zu erheben´, ist das Leitmotiv des Menschengeschlechts und war es schon zuvor, als der erstgeschaffene Geist Luzifer – der „Lichtträger" in seiner göttlichen Vollkommenheit – „Nein" zum „Ja" der Liebe Gottes sagte, was sein gutes Recht war, da die Liebe ansonsten kein freies Wesen, sondern einen Roboter erschaffen hätte. Dies war der Grund für die Entstehung der Zwei („Entzweiung") aus der Eins („Einssein") - als der Basis des bipolaren Universums – und alles wäre gut, wenn nicht mit dieser „Neinsagung" verbunden, zugleich die „Sünde" (die einzige, die es jemals gab), in die Welt gekommen wäre: Sich getrennt von Gott zu erleben.
Als Adam und Eva damals im Paradies von jener Frucht des Baumes der „Erkenntnis des Bösen und Guten" (= Bipolarität) aßen, wiederholte sich das alte Spiel. Sie hätten in der paradiesischen Einheit mit Gott bleiben können, aber sie entschieden sich wiederum gegen das „Ja" der Liebe Gottes und wählten das bipolare Reich der Verneinung. Dort stehen wir jetzt – oder besser fern vom Jetzt – irgendwo zwischen Vergangenheit und Zukunft, mit der Frucht des Baumes jener Erkenntnis in der Hand, dass alle Dinge - von außen betrachtet - irgendwie zwei Seiten haben.

> *„Was man in Träumen sieht, erscheint sehr wirklich.*
> *Indessen heißt es in der Bibel,*
> *dass (nach dem „Genuss" dieser Frucht)*
> *ein tiefer Schlaf auf Adam fiel,*
> *und nirgends findet sich ein Hinweis auf sein Erwachen.*
> *Die Welt hat noch kein umfassendes Wiedererwachen*
> *oder eine umfassende Wiedergeburt erfahren."*
> („Ein Kurs in Wundern" 2,5)

Die „Sintflut" (= „Sündflut" = Selbstzerstörung der ersten Menschheitskultur durch die Trennung des Individuums von sich selbst, der Menschen untereinander – und aller von Gott) ist ein Faktum, das nicht nur in den Schriften der hebräisch-christlich- islamischen Überlieferung – sondern ebenfalls in der persischen Geschichtsschreibung des Zoroasters (Zarathustra) und den ältesten Epen der Menschheit – zum Beispiel dem „Gilgamesch-Epos" beschrieben steht. Insbesondere ist in den indischen Schriften Erhellendes zu finden, wo Noah (von den Indern „Manu" genannt) den „Sieben Rishis" (den indischen Urweisen und Urhebern der indischen Heiligen Schriften) das ganzheitliche Wissen der vor-sintflutlichen Menschheitskultur überbringt.

Immerhin sprach die Menschheit nach der „Flucht" aus dem Paradies und auch nach der „Sintflut" noch die EINE ganzheitliche Sprache, die zugleich mit dem äußeren Sinn des Benannten auch dessen inneres Wesen zum Ausdruck brachte – bis (und hier malen die Metaphern das Bild zunehmender Gottferne weiter), man in Babylon danach trachtete, den Turm des (Verstandes-)Wissens bis über die Himmel zu bauen. Man kennt das Ergebnis dieses Versuches, sich über Gott zu erheben: die babylonische Sprachverwirrung, die bis auf den heutigen Tag den innerlichen Sinn verhüllt und alle Menschen aneinander vorbeireden lässt.

Auf welchem Fundament steht der neuzeitliche Turm der menschlichen Gesellschaft des 21. Jahrhunderts? Wird es tragen? Geben wir uns keinen Illusionen hin: Der Turm der kapitalistischen Konkurrenzgesellschaft ist bereits im Fall.

Die Folgen damals wie heute sind ähnlich: Die Zersplitterung der einst ganzheitlichen Wissenschaft in immer zahlreicher werdende, separierte Fachgebiete mit eigenen spezialisierten Fachsprachen, die einander nicht mehr verstehen, führte zur „akademischen" Sprachverwirrung. Jede Wissenschaftsdisziplin entwickelt ihren eigenen Terminus, der nur noch von den „Eingeweihten" zu verstehen ist. Jeder füllt in dieser modernen Sprachverwirrung die Worte mit anderen Inhalten und versteht ihre Bedeutung anders – äußerlich – jedenfalls nicht mehr wie in der ursprünglichen Ursprache: innerlich und ganzheitlich.

Der moderne Turm zu Babel muss erschüttert werden und fallen, damit der Mensch erkennt, dass sein Verstand begrenzt ist. Mag er noch so viel Wissen anhäufen, solange er hinter der äußeren Schale der Dinge nicht die innere geistige Wirklichkeit erkennt, wird er bei allem Wissen nicht weise werden.

> *„Indem sie sich für Weise ausgaben,*
> *sind sie zu Narren geworden*
> *und haben die Herrlichkeit des unvergänglichen Gottes*
> *verwandelt in das Gleichnis*
> *eines Bildes vom vergänglichen Menschen."*
> (Römer 1,20)

DER PROGRAMMIERTE VERSTAND

Die Herrschaft des Egos

Zu den Traurigkeiten, die daraus erwachsen, dass wir die Sphäre des Eins-mit-Allem-Seins verlassen haben, um in der Welt der Gegensätze nie das Wirkliche zu finden, sondern immer nur ein bipolares Surrogat des Halben, Unvollständigen – gehört in allen Facetten das Sich-nicht-geliebt-Fühlen.

Noch immer sitzt der Mensch im Allgemeinen in der dunklen Bewusstseinskammer seines Sich-getrennt-Erlebens beim künstlichen Licht seiner bipolaren „Verstandesfunzel", mit der er glaubt, die Nacht erhellen zu können - und ahnt kaum die lichte Wirklichkeit über sich und in sich. Im engen, dunklen Kasten seiner Selbstvorstellung identifiziert er sich mit einem fremdkonditionierten Schein-Ich und seiner vergänglichen Körperlichkeit derart, dass er fast vollständig die Existenz seines inneren, ewigen Wesens vergaß.

> *„Das Ego ist ein falschgesinnter Versuch,*
> *dich so wahrzunehmen, wie du sein möchtest,*
> *statt wie du bist"* (Ein Kurs in Wundern 3.3-3)

Durch die Geringschätzung seines göttlichen Wesens schafft der Mensch sich seine und die Probleme der Welt selbst. Wenn er die Fenster und Türen der „Dunkelkammer" seiner irrtümlichen Identifikation öffnete, würde er über sich und in sich das Licht der geistigen Sonne des Lebens strahlen sehen.

Den Unterschied zwischen der magisch-bipolaren Kraft des Zwiegespaltenseins und der sich einfach schenkenden „Energie des Einsseins" verdeutlicht das Beispiel des „Positiven Denkens": Natürlich ist diese Gedankenkraft auf ihre Weise wirksam, denn nie bleibt ein ausgesendeter Gedanke vom Universum unbeantwortet. Immer aber wird sie im Wirkungsbereich der bipolaren Sphäre verbleiben, in der es Positives nur geben kann, weil es auch Negatives gibt. Letztlich stärken wir durch die Verdrängung der einen Seite der Wirklichkeit gerade das, was wir leugnen und nicht haben wollen. Wogegen wir kämpfen, das stärken wir.

Ebenso ist es mit allen anderen Praktiken des magischen Denkens – bis hin zur „Schwarzen und Weißen Magie". Da unterscheiden sich die Riten, Talismane und Zaubersprüche der Hexen und Hexer nur kaum von den Affirmationen der Positivdenker oder den modernen Elixieren der Magier der petropharmazeutischen Medizin.

Im Unterschied zu dieser bipolaren Verstandesmagie der Welt, hat die Kraft des Einsseins allerdings die Macht, das irdisch-menschliche Denken aus all seiner Widersprüchlichkeit heraus – in die Höhere Wirklichkeit des ungeteilten Seins zu erheben.

Doch nicht eher werden die eigenwilligen Schleier von den Augen fallen, bis der Mensch sich innerlich aufmacht und sich bewusst der Kraft des Heiles öffnet. Vollzieht er diesen Bewusstseinsprozess nicht durch bessere Erkenntnis, (die ihn aus der eigenwilligen Ichzentriertheit seiner Isolation in die Freiheit des Eins mit Allem-Seins erheben würde), dann werden ihn die Folgen seines zwiespältigen Denkens und Handelns zur schmerzhaften Erkenntnis seines Irrtums zwingen müssen.

Das „Schein-Ich"

Der ständig wertende und urteilende Verstand zieht immer wieder aus dem Frieden der Mitte des Herzens in das bipolare Schattenspiel des „ich habe Recht – und Du bist falsch" hinab. Als ob man den Kopf unter einer dichten Wolkendecke – und vergessen hätte, dass darüber der Himmel blau ist und die Sonne scheint. Dies kennt jeder Mensch, der sich selbst aufmerksam als stiller Betrachter des eigenen Schauspiels auf der Bühne des Lebens beobachtet.

Im Widerstreit der Pole sind wir immer hin- und hergeworfen. Dieses Hinabtauchen in die Zwei-fel der bipolaren Welt geschieht immer zu jenen Zeitpunkten, wo uns an einem Anderen etwas stört, was wir uns selber versagt haben, weil es „nicht sein durfte". Weil wir aufgrund familiärer, schulischer und gesellschaftlicher Normen nicht sein durften wie wir sind, programmierten wir damals unseren Verstand: „Wenn du angenommen werden willst, dann verhalte dich nicht so, wie du bist, sondern so, wie `Sie´ dich haben wollen." Das ist der Grund aller Unvollkommenheit der Welt: Wir können uns nicht lieben, so wie wir sind, weil wir dies selber vergessen haben – und können deshalb auch Andere nicht annehmen, so wie sie sind. Vergessen - unsere – und die Göttlichkeit der Anderen, weil wir uns Selbst von Gott getrennt erleben, anstatt uns der hellen Wirklichkeit des Eins-mit-Allem-Seins zu freuen. Durch die frühkindliche Konditionierung, unsere Aufmerksamkeit fast ausschließlich auf den Verstand zu richten, hält sich der Mensch dann irgendwann fälschlicherweise für seinen Verstand und vergisst mehr und mehr sein ewiges Seelenwesen.

Das Rufen unserer inneren Stimme und das Ziehen unserer Sehnsucht zur Verwirklichung unseres Vereinigungszieles kommt von unserem vollkommenen Geist, der sich mit unserer Seele in unserem körperlichen Wesen einen will, um mit uns für immer heil und ganz zu sein. (Was wir jenseits unserer illusionären Wahrnehmung der Schein-Wirklichkeit selbstverständlich schon immer waren und immer sein werden. Nur haben wir unser wahres Wesen durch die fälschliche Identifikation mit unserem „Schein-Ich" vergessen).

Solange wir noch der falschen Vorstellung verhaftet sind, wir seien unser konditionierter Verstand, kann das höhere Selbst in unserem herzentfremdeten Wesen keine Resonanz finden. Dies bringt Manche dazu, ihren sich unaufhörlich im Kreise drehenden Verstand, weil er sie nicht zur Ruhe kommen lässt, zu hassen. Weil sie in ihm die Wurzel allen Sich-von-sich-Selbst-getrennt-Erlebens sehen, beginnen sie schließlich gegen ihren Verstand zu kämpfen.

Nein! Wir haben es nicht nötig gegen irgendetwas in uns zu kämpfen. Auch der Verstand als unser Gehirn-Computer ist als weltliches Orientierungs-Organ sehr nützlich. Nur von der Ewigkeit versteht er eben nichts und kann deshalb auch keinen Begriff von unserem ewigen Seelenwesen haben. Für das niedere Mental des konditionierten Verstandes ist nur Jenes wahr, was er sehen, anfassen, zählen, wiegen und messen kann. Mehr braucht diese unterste Mentalebene des Bewusstseins auch nicht zu können, denn sie ist nicht mehr als unser Navigations-Instrument, um uns in der bipolaren Welt zurechtzufinden. Ein Problem entsteht erst dann, wenn wir uns fälschlicherweise mit diesem Organ unseres Organismus identifizieren. In Wirklichkeit sind wir unendlich viel mehr, als der Verstand verstehen kann. Sein Erkennen ist begrenzt auf die Erfahrungswelt von Raum und Zeit. Er kann sich nur innerhalb der Gegensätze der Polaritäten von Plus und Minus, Schwarz und Weiß, Frau und Mann definieren.

Die irrtümliche Identifikation des Schein-Ichs mit dem Verstand reduziert das ganzheitliche Wesen des Menschen auf seine bloßen Verstandes-Funktionen. Von der Liebe jedoch versteht der Verstand als raum-zeitliches Orientierungsorgan rein gar nichts. Der Verstand kann nicht lieben. Das ist nicht seine Aufgabe. Er kennt bezüglich der Liebe lediglich Konzepte und Kosten-Nutzen-Rechnungen. Zum Erkennen des Wesens der Liebe benötigt der Verstand die Anleitung des Herzens. Dann vermag auch er zu erkennen, dass unser wahres Wesen göttliche Liebe von Ewigkeit ist.

Die Umprogrammierung des Verstandes
Wir sehen nicht nur an den Menschen um uns herum, sondern wissen aus eigener Erfahrung, wie schwer die Selbstfindung ist, wenn – statt Resonanz zwischen Innen und Außen – die alten Programme ablaufen; wenn das Wesen – statt ganzheitlich vom Herz – vom Weltverstand regiert wird. Solange der Empfänger unseres Senders auf die Nachrichten der Welt eingestellt ist, kann er die Botschaften des Herzens nicht empfangen. Du weißt, es ist oft tragisch anzuschauen (weil Du nicht wirklich helfen kannst, da es in der Freiwilligkeit von jedem Einzelnen liegt): wie seelenanbindungslose Körperhüllen ferngesteuert den alten Programmierungen folgen.
Aber gerade weil unser Verstand programmierbar ist wie ein Computer gibt es Wege und Methoden, die alten Programme, die von einer programmierten Gesellschaft programmiert wurden, neu zu schreiben und zu korrigieren.
Wenn wir unseren Verstand nicht irrtümlich mit unserer wahren Wesenheit verwechseln, sondern ihn vielmehr auf unser Herz zentrieren, wird er zum Flügel des Verstehens, der im Schwingen mit unserem Seelenflügel des Fühlens uns in die überirdische Freiheit der vollkommenen geistigen Wirklichkeit zu erheben vermag.
Ich kann also meinen Verstand, der seit frühester Kindheit fremdbestimmt konditioniert wurde (wenn auch immer ich selber es war, der die eingetrichterten Konditionierungen verinnerlichte) neu programmieren.
Es gibt psychologische Schulen, deren Methoden darauf zielen, das Minderwertigkeitsgefühl, das von diesem Sich-nicht-geliebt-Fühlen kommt, durch die Bewältigung von Aggressionen zu kompensieren. Beispielsweise machte man in der „Psycho-Analyse" die „Schuldigen" am eigenen Elend in den Anderen

aus (bevorzugt den Eltern, die schon pränatal mit ihren Ängstlichkeiten und ihren Unvollkommenheiten die kleine Kinderseele mit allem Müll der Welt beluden). Aber diese Art von Kompensation durch Aggressionsentladung kann nicht wirklich von diesen alten Geistern befreien, das kann nur Vergebung. Wirklich heilen kann nur die Vergebung für uns Selbst und für die Anderen. Denn genauso wenig wie die Kinderseele trifft sie, die womöglich noch unter liebloseren Bedingungen aufwachsen mussten, irgendeine Schuld an ihrem oder unserem Leid. Dieses war uns von unserer Seele selbst verordnet, weil diese Verschüttungen eines Jeden letztlich auch der Weg zu seiner ganz persönlichen Befreiung sind.

Es gibt viele Methoden und Wege den Verstand zur Ruhe zu bringen und ihn neu zu programmieren (zum Beispiel Musik, Atem-Yoga oder die Technik „Work" von Byron Katie). Der treffsicherste und kürzeste Weg aber ist tatsächlich Vergebung und einfach nur zu Lieben (Bhakti Yoga).

Die Inder kennen seit Jahrtausenden Methoden, den Verstand zur Ruhe zu bringen, beispielsweise dadurch, dass wir unsere Aufmerksamkeit (die Buddhisten würden sagen „Gewahrsein") vom Verstand fortnehmen, der sie unentwegt für sich in Anspruch nehmen will. Denn unsere Aufmerksamkeit ist etwas anderes als unser Verstand – und viel näher als dieser mit unserem wahren Wesen verbunden. Indem wir die Aufmerksamkeit zum Beispiel auf unseren Atem lenken, (mit dem wir innerhalb unseres Körpers bewusst „spazieren" gehen können, um uns selber besser kennenzulernen), kommen wir aus dem Verstand heraus.

Gerade wenn da ein heftiges Gefühl wie Angst, Trauer, Wut oder ein körperliches Symptom als Schmerz fühlbar wird (immer eine Ausdrucksform unseres Uns-nicht-geliebt-Fühlens), ist das ein Indiz dafür, dass sich dort etwas spürbar macht, das wir als unser nicht Sein dürfendes „Schattenkind" verdrängen mussten. Es wird klar, wie wir diesen Teil von uns unterdrückten, indem wir an uns hassten, was andere an uns nicht haben wollten. Im Liebekraftströmen unseres Herzens gibt es kein Falschsein und keine Rechthaberei und auch kein Konkurrenzstreben mehr, das uns oder unseren vermeintlichen Liebemangel kompensieren sollte, indem wir besser, schneller, reicher als die Anderen sind. Diese scheinbaren Erfolge machten uns letztlich doch nur immer noch einsamer und kränker.

Aus der Perspektive des unbeteiligten Beobachters sieht der Mensch nun dieses liebenswerte Kind, das nichts dafür kann, dass es nicht sein durfte wie es ist. Dieses Gewahrsein der Aufmerksamkeit schafft in uns eine Metaebene, von der aus wir die alten Muster erkennen, auflösen und die Programme des Verstandes neu schreiben können.

Dadurch, dass wir unser Schattenkind liebevoll annehmen (Es darf sein. Es ist ein wunderbarer Teil unserer Einzigartigigkeit), heben wir es ins Licht unseres Herzens und befreien es so. Dann hört dieses negative Gefühl auf, negativ zu sein, da wir aufhören es mit dem Verstand zu bewerten und zu beurteilen. Dann ist es einfach nur noch Kraft - die bisher verleugnet – durch liebevolle Annahme nun in unser ganzheitliches Wesen zurückfließt. So integrieren wir die Schattenanteile unseres ganzheitlichen Wesens wieder. Nun erkennen wir dieses verdrängte Schattenkind in seiner Schönheit als einen Teil von uns. Es war nie verkehrt (dieses Gefühl, dieser Gedanke, diese Körperlichkeit) – nur mussten wir es verdrängen - weil wir dazu erzogen wurden, unserem fremdprogrammierten Verstand – anstatt unserem Herzen - zu folgen (auch wenn es uns in unseren Träumen und Konfrontationen immer wieder die Knöpfe drückte und den Finger in die Wunde legte). Obwohl wir unser bisheriges Leben lang dachten, wir dächten selbst, sehen wir nun, dass wir nur so dachten, wie man wollte dass wir denken. Indem wir aber nun jenes Rollenspiel durchschauen, jenes Schein-Ich, das so gemacht wurde, wie man es haben wollte, erkennen wir mit dieser Person, die wir nicht sind und nie waren, jetzt endlich unser wahres Wesen. So beginnen wir freudig zu verstehen und zu fühlen, wer wir wirklich sind.

Wir nehmen die Welt, die wir bisher aus der Perspektive des programmierten Verstandes nur isoliert sahen, nun aus der Perspektive des in uns erwachten Geistes der Gegenwart, der Liebe Gottes, völlig anders wahr: sie ist wie sie ist – wunderbar, und alles ist gut. Wir erkennen, dass es nur unser Anders-Sein-als-Wir-wirklich-Sind war, was uns das Leben auf diesem wunderschönen Planeten zum Ort des Stresses und Leides machte. Nun, da wir sind wie wir Sind, können wir die Anderen (auch die Pflanzen und Tiere) so lassen, wie sie sind: Alles ist gut… Jetzt verändert sich unsere Umgebung. Nun, da wir endlich uns Selbst fühlen, verstehen und annehmen können, können wir auch die Anderen sehen und annehmen wie sie sind. Wir erkennen, dass es uns Selbst die größte Freude bereitet, das Gemeinsame zu suchen, denn wir erkennen: womit wir die Anderen beschenken, damit beschenken wir uns Selbst.

Der Zeuge des Selbstes

Die Zivilisierung des Verstandes ist die Voraussetzung für die geistige Bewusstwerdung. Doch der konditionierte Verstand ist ziemlich weltschlau und wird alle möglichen Tricks finden, um seine alten Kontrollmechanismen über den Menschen weiter ausüben zu können. Das ist Teil seiner Programmierung. Unentwegt spult er die altbewährten Programme ab. Immer wieder kommen die alten Geschichten hoch.

Um nicht wieder und wieder aus der Einheit heraus in das bipolare Denken zu fallen, ist also die aufmerksame Beobachtung von uns selbst wichtig. Sind wir auf diese Weise „Zeugen unseres Selbstes" geworden, können wir unser Spiel auf der Bühne unseres Lebens ganz gelassen betrachten. Dann sehen wir die einzelnen Rollen, die wir spielen, und erkennen die alten Muster, warum wir sein sollten, die wir nicht sind. Plötzlich erkennen wir uns - als unbeteiligte Betrachter – nicht nur als Schauspieler auf der Lebensbühne, sondern auch als Urheber und Regisseure dieses Schauspiels. Ja, wir erkennen uns selber als Drehbuchautor, der in der Lage ist, das Theaterstück unseres Lebens umzuschreiben.

Nun sind es nicht mehr die Fremdbestimmungen durch Andere, (die sich selbst ebenfalls ungeliebt fühlten, weil sie ihrem vielleicht noch liebloser programmierten Verstand folgen mussten), sondern jetzt schreiben wir die Programme unseres Neuen Lebens und unserer Neuen Welt selber.

Dem Verstand unvorstellbare Erfahrungen der inneren Räume und die Bewusstseinszentren unseres seelischen Wesens harren der Entdeckung auf unserer meditativen Innenreise. Unser Herz – die Mitte unseres Seelenwesens – als das ganze Universum zu erfahren, geht zwar über den Verstand hinaus, aber er ist nicht unbelehrbar. Man kann ihm im Allgemeinen alles liebevoll erklären.

Nein, er will nicht ausgeschaltet oder bekämpft werden, auch unser Verstand möchte angenommen und anerkannt sein. Er ist zwar nur die unterste Sprosse der geistigen Leiter des Bewusstseins, (- es folgen die Sprossen der Vernunft, der Intelligenz, der Erleuchtungszustände bis zum Erwachen der ersten Stufen des supramentalen, ganzheitlichen Seins -), des Neuen Menschen, der dereinst diesen Planeten bewohnen wird, aber ohne diese unterste Sprosse sind auch die höheren schwer zu erreichen. Also ist der Verstand ein wichtiges Organ unseres ganzheitlichen Schwingungswesens, wenn er herzzentriert ist. Wenn der Verstand herzzentriert ist, ist er ein williger Helfer im Bereich seiner Fähigkeiten. Hat er erst einmal verstanden, weil man es ihm verständlich erklärt hat, dass er nicht der Herrscher, nicht der Kontrolleur und nicht der Richter unseres Wesens ist, dann findet auch er sich gesehen und in seinem Element. Dann wird er uns wichtige Dienste der Erinnerung, der Planung und der Kommunikation leisten und das innere Wort unseres Herzens lesen, das er als Zentrum des Lebens und aller höheren Bewusstwerdung anerkennt.

Das Wahre Selbst
Es gibt für Jeden einen Weg zurück zu sich Selbst, indem er sich als von Ewigkeit geliebtes Kind Gottes erkennt. Uns von der göttlichen Liebe geliebt zu erleben – so wie wir sind – uns in und als Liebe zu erkennen, befähigt uns zu lieben. Auf diese Weise endlich zu uns Selbst zurück gefunden, werden wir uns selber und die Anderen annehmen und lieben können. Zu Lieben verändert zuerst uns Selbst, dann die Menschen um uns herum (Resonanzgesetz) – und schließlich auch die ganze Welt. Wir werden zurück zur Quelle des Wassers des Lebens in unseren Herzen finden. Diese Quelle ist die Liebe Gottes Selbst. Das Unfassbare: Der allumfassende Gott – das göttliche Große Herz, in Dem alle Universen pulsieren, wohnt in unserem eigenen winzigen Herzen. So erkennen wir, dass wir geliebt sind und es immer waren: geliebt um unseres göttlichen Selbstes willen. Gott liebt alle seine Kinder vollkommen und total. Er schenkt Seine Gaben uneingeschränkt allen gleich.
Nun scheint es uns Gottesleugnung und Frevel, uns und die Anderen nicht zu lieben, indem wir sie - wie uns selbst - als Herzenskinder des göttlichen Vaters und der göttlichen Mutter

erkennen. Und die Freude ist groß – wachsend mit jedem gegenwärtigen Augenblick. Dann erst sind wir die, die wir schon immer waren, wenn wir über Raum, Zeit und Verstand hinaus mit unserem inneren Wesen in Liebe resonieren.
Jetzt und Hier – in diesem Augenblick - hat es zu geschehen, dass wir uns bewusst dafür entscheiden, fortan die zu sein, die wir wirklich sind und schon immer waren. Plötzlich ist alles klar. Jetzt bin ich `Ich bin´. Ich fühle und verstehe und sehe die Welt nicht mehr mit den Augen eines falsch programmierten Verstandes, sondern mich und Dich und die wunderbare Welt mit den Augen der Liebe. Die Befreiung aus dem Irrtum fälschlicher Identifikation mit einem Schein-Ich geschieht durch die Einswerdung mit der Quelle des Wassers des Lebens im Herzen, die als die Liebe Gottes das Eine Leben Selber ist, das in allem lebt, was lebt. Es ist, als öffneten sich in unserem dunklen Kasten Fenster und Türen in den lichten Tag, von dem wir bislang kaum ahnten, dass es ihn gibt.

Die Heilung
Die Heilung (Heiligung) geschieht durch wahre Vergebung und Selbstannahme des Menschen und die Annahme der Anderen durch die Vereinigung mit der Liebe in sich selbst. Nun kann sich der Wiedergeborene im hellen Selbstbewusstsein seiner Göttlichkeit erkennen und im Licht der Gegenwart auch die Anderen in ihrer Vollkommenheit sehen. Auch wenn diese Vollkommenheit im diesirdischen Dasein noch nicht absolute Wirklichkeit geworden ist, erkennt er, dass die Liebe Gottes in der Kraft des Heiligen Geistes ihn im Licht der Wahrheit unfehlbar zu seiner Vollkommenheit hinzieht. Der Liebende erfährt sich als beschenkt mit etwas, wonach sich jeder sehnt: Bedingungsloses Geliebtsein und Glückseligkeit in der Freude der göttlichen Gegenwart im Hier und Jetzt.

> *„Die Gabe der mentalen Kraft kommt von Gott,*
> *dem Göttlichen Wesen,*
> *und wenn wir unseren Geist*
> *auf diese Wahrheit einstimmen,*
> *werden wir im Einklang*
> *mit dieser großen Macht sein.“*
> (Nikola Tesla)

Der „Neue Mensch" erwacht in der Höheren Wirklichkeit des Eins-mit-Allem-Seins und erlebt sich als Teil des Vielklangs und zugleich - ungeteilt, heil und ganz - den Einklang von Allem in sich selbst; gleichsam als Tropfen im Meer und zugleich als das Meer im Tropfen.

Nun lässt sich der zu sich selbst Erwachte nicht länger von der krankhaften Geltungssucht eines Schein-Ichs manipulieren, sondern ist - im energetischen Fluten der Liebe - zu wirklichem Seinserleben in seinem Herzen für ewig erwacht.

Wie auf der Ebene des menschlichen Individuums die Herzzentrierung des Verstandes zur erlösenden Rückkehr zu sich Selbst und zum Eins-mit-Allem-Sein führt, so wird die Selbstwerdung des globalen Menschen (von dem jedes Individuum gewissermaßen nur eine Zelle ist) mit ungleich größerer Entfaltung der schöpferischen Lebenskraft verbunden sein, die den Planeten Erde im energetischen Prozess in den Garten Eden verwandeln wird. Wie die zur Liebe zu sich selbst erwachte Person in ihrer persönlichen Umgebung bald ein wunderbares Aufblühen bemerkt, entfaltet der kosmische Mensch nun das Sein seines wahren, göttlichen Wesens:

Adam Kadmon.

Dieses Erwachen des alten Adams zu sich Selbst durch die Überwindung der vermeintlichen Trennung von Gott ist die Erinnerung an die vergessene Vollkommenheit, die er vor Gott schon immer hatte und immer haben wird. Es ist wie das Erwachen aus einem Albtraum.

Die Allkraft und die Transformation
Statt sich irrtümlich für sein konditioniertes Schein-Ich zu halten, weil er von frühester Kindheit an sein musste, wie Eltern, Schule und Gesellschaft ihn haben wollten, wird der Mensch, der sich mit dem höheren Selbst seines göttlichen Wesens in seinem Herzen verbindet, endlich sein dürfen, wie er wahrhaft ist. Dann wird der Mensch aus dem Hin-und-her-geworfen-Sein zwischen den Polen, in dem jedes Erkennen zugleich ein Irrtum ist, herausgehoben sein in die Wirklichkeit einer höheren Wahrheit. Wenn der Mensch - anstatt dem

Zwielicht seines fremdprogrammierten Verstandes - der Stimme seines Herzens folgt, wird er die Allkraft der Gegenwart lebendig erfahren. Dann ist er kraft seines Geistes fähig sich über seinen bipolaren Verstand zu erheben. Wenn er beginnt, die Existenz der planvoll wirkenden höheren geistigen Kraft anzuerkennen, kann die Transformation seiner Lebensenergie vom bipolaren Wechselstrom in die Urfusionskraft der All-Einheit beginnen.

Er wird sich und die Anderen als „Ebenbilder Gottes" erkennen: Dies ist, im Unterschied zum früheren Zustand des „Sich-getrennt-Erlebens", der Quantensprung des Bewusstseins, der aus der körperlichen Erdgebundenheit in die Freiheit des Geistes führt. In der Einswerdung mit Gott erkennt der Mensch das Einssein mit sich selber und den Anderen. Über ihm, um ihn herum und in ihm leuchtet nun die bislang ungeahnte lichte Wirklichkeit gegenwärtiger Freude. Plötzlich ist alles sinnerfüllt. Er erkennt sich als ewig geliebtes Wesen, dessen Lebenskraft die Liebe Gottes Selber ist. Er ahnt seine Vollkommenheit, in der ihn die Liebe Gottes erschuf, auch wenn seine derzeitige Inkarnation auf der noch unvollkommenen Erde noch nicht vollkommen ist – nicht vollkommen sein kann. Denn jenseits der Wahrnehmung von Raum und Zeit ist er bereits schon jetzt in die Gegenwart Gottes zurückgekehrt.

> *„Wenn der Heilige Geist in den Menschen einströmt,*
> *erlebt er Wiedergeburt; die Himmel öffnen sich ihm,*
> *die Macht der Liebe strömt in ihn ein und durch ihn*
> *und bringt Gaben des Heilens, der Weisheit, der Kraft*
> *des Trostes, der Kraft der Erleuchtung und die Gabe,*
> *andere auf die Schwingen des Geistes zu erheben."*
> (White Eagle)

Dankbar erkennt der Mensch, dass die universelle Fusions-Energie des Heiligen Geistes schon lange sanft seinen Bewusstwerdungsprozess lenkte, um sein Wesen in Einklang mit sich Selbst und Allem zu bringen. Diese Vereinigungskraft arbeitet im Stillen auch auf die Erweckung der menschlichen Gesellschaft hin. Wird ihr Wirken erbeten, vermag sie der Menschheit im Erkenntnislicht der höheren Wirklichkeit den Weg des Friedens zu weisen. Dann endlich wäre die Menschheit auch bereit, jene Energie der Zukunft zu finden, die jedem frei

zur Verfügung stände. Denn erst dann wird dem Menschen sich jene unerschöpfliche Kraftquelle erschließen, wenn er reif geworden ist, sie ohne Schaden für Irgendwen und zum Nutzen aller einzusetzen. Die Zeit zur Entdeckung dieser Allkraft im Außen ist dann gekommen, wenn die Menschheit die Kraft der Kräfte im Innen gefunden hat: denn stärker noch als jede äußere Energiequelle ist die Urkraft der Liebe Gottes im menschlichen Herzen. Erfährt der Mensch diesen göttlichen Strom der Liebe, der ihn immer schon durchströmte – unerkannt – gewahrt er unbeschreibliche Wärme und Wonne im Lichtfluten seiner inneren Räume. Die Rückkehr des Menschen aus der Gespaltenheit der bipolaren Welt in die überkosmische Einheit seines Ursprungs, ist das eigentliche Ziel menschlicher Bewusstwerdung: Die mystische Einswerdung des „Eins-mit-Allem-Seins", von dem zu allen Zeiten in allen Kulturen die Erleuchteten sprachen. Diese elektromagnetische Umpolung – vom bipolaren Strom der Gegensätze zum ganzheitlichen Urkraftstrom der göttlichen Liebe – ist kein technisches Problem, sondern ein innerlicher Vorgang im Transformator des menschlichen Herzens. Nicht umsonst legen die Inder zum Gruß „Namaste´" (= „Meine Göttlichkeit grüßt die Göttlichkeit in Dir!") die beiden Hände zusammen wie im Bild „Die betenden Hände" von Albrecht Dürer. Aus gleichem Grund falten die Christen im Gebet die beiden Hände ineinander, um die Einswerdung der Zweiheit symbolisch anzudeuten.
Die chemische Formel für diesen Umwandlungsprozess aus der bipolaren Zweiheit in die Einheit, den Hermes-Trismegistos (vor tausenden von Jahren) bildhaft

„die Verwandlung von Staub in Gold"

genannt hatte, versuchten die Alchimisten in ihren mittelalterlichen Laboratorien vergeblich zu extrahieren.
Deshalb auch konnte man bis heute die Rezeptur des „Elixiers des Lebens" nicht entdecken, weil diese geheimnisvolle Umwandlung einzig ein innerlicher, geistiger Prozess ist. Denn dieser „Zaubertrank" ist nichts anderes als das „Wasser des Lebens", von dem die göttliche Offenbarung sagt:

„Nehmt es umsonst!"
(Offenbarung)

DIE VISION VOM `NEUEN MENSCHEN´

Die Vision ...
Alle ökologischen, ökonomischen und gesellschaftlichen Probleme der Menschheit werden sich lösen. Der Mensch wird seinen Energiebedarf aus sauberer Quelle unerschöpflicher Elektrizität decken, die ihm bislang noch unbekannt ist. Die Kraft des Lebens Selbst wird sich im Bewusstsein und im Wirken des Menschen und in der Vervollkommnung der Natur auf diesem Planeten verwirklichen. Der globalisierte Acker der Erde wird sich umgestalten in den Garten Eden.

... und die Wirklichkeit
Die Hoffnung auf Erfüllung dieses Ideals scheint in dieser Weltstunde noch ein ferner Traum. Doch auch wenn man nicht geneigt ist, der Menschheit eine größere Entwicklungsfähigkeit zuzutrauen: Die Verwirklichung dieses Ideals der Universellen Harmonik ist die einzige Alternative zu der drohenden Katastrophe. Da das griechische Wort „Katastrophe" im Sinne des Wortes „Wendung, Umkehr" bedeutet, wäre die Katastrophe des Zusammenbruchs des Systems möglicherweise gar keine wirkliche „Katastrophe" – sondern vielmehr eine Chance.

Die Klimaforscher und Meteorlogen sehen den Grund für die Erderwärmung im steigenden Kohlendioxydanteil in der Atmosphäre. Wenn es im Detail zwar richtig sein mag, dass Kohlendioxyd einer der Hauptfaktoren des Klimawandels ist, so bleibt dieses Wissen über einzelne Elemente im System doch Stückwerk: Die Wirklichkeit des Seins ist komplexer. Ein ganzheitliches Verständnis des Zusammenspiels der Kräfte hat nicht nur die wechselwirkenden Faktoren des globalen bio-chemischen Systems zu berücksichtigen, sondern vor allem auch die Ursache des Handelns des Menschen, dessen er sich in ihrer Wirkung noch kaum bewusst ist. Anstatt die augenfälligen Zusammenhänge und Interdependenzen zwischen der äußeren und inneren Wirklichkeit zu erkennen, die in der gegenwärtigen wissenschaftlichen Beurteilung des Zeitgeschehens noch weitgehend ausgeblendet sind, diskutiert man kontrovers die Symptome – anstatt deren Ursachen zu sehen.

Der moderne Mensch hat seinen Kopf von seinem Herzen getrennt. Das ist, auf den Punkt gebracht, der einzige Grund für das Elend der Welt.

Das Missverstehen der Pole

Was die persönliche und weltpolitische Orientierungslosigkeit gegenwärtig charakterisiert, ist das überholte Denken in Strukturen wie „Schwarz und Weiß", „Plus und Minus" oder „Links und Rechts". Dabei sollte der Mensch im 21. Jahrhundert die harmonikale Relativität der bipolaren Erde kennen:
Alles hat hier zwei Seiten, die keine Gegensätze – sondern Bedingtheiten sind: es gibt kein Plus ohne Minus. Yin und Yang sind Eins. Das Zentrum des Weißen ist das Schwarze und das Zentrum des Schwarzen ist das Weiße. Doch immer noch bestimmt das konträre Schwarz-Weiß-Denken die Orientierung. Dabei ist die Welt kein Fußballfeld, sondern rund. Geht man links – und immer weiter links, kommt man irgendwann von rechts wieder beim Ausgangspunkt an. Diese Erkenntnis führt die politischen Richtungskämpfe ad absurdum.
Die globale Gesellschaft braucht ein tauglicheres Navigations-Instrument zur Bestimmung der Richtung ihres zukünftigen Weges.
Der Kompass der uralten und zugleich brandneuen Philosophie der Universellen Harmonik zeigt nicht nur die Richtungen des Himmels an, sondern gibt auch für „Oben und Unten" und „Innen und Außen" Orientierung. Deshalb vermag die Harmonik völlig neue Sichtweisen für die Zukunft zu eröffnen, weil sie den Menschen in seiner Ganzheitlichkeit sieht. Wann endlich schalten wir unser „Herzensnavi" ein?

Die Zukunft der Menschheit

Die Harmonik erinnert den Menschen an sein harmonikales Wesen, an seine Verantwortung gegenüber dem Leben und an seine eigentliche Berufung. Sie kann wesentlich zur Definition eines neuen Wertbegriffs beitragen, der nicht nur den Maßstab des Quantitativen kennt – sondern vor allem die Werte eines erstrebenswerten qualitativen, inneren Reichtums benennt.
Auf dem Weg zum vollkommenen Menschsein gibt es viele Entwicklungsstufen. Es reicht nicht aufrecht auf zwei Beinen zu

gehen, um ein Mensch zu sein. Doch wenn zwar manche Menschen tierischer als die wildesten Tiere scheinen, ist dies kein Grund, den Menschen an sich für eine Fehlentwicklung der Natur zu halten, wie einige meinen. Denn wie kein anderes Lebewesen hat der Mensch die Gabe, sich in geistige Bewusstseinshöhen zu erheben.

Die ideale Zukunft der Erde wird sich mit zunehmender geistiger Reife des Menschen realisieren, wenn er die Energie des Lebens besser verstehen und im Einklang mit der kosmischen und überkosmischen Ordnung anwenden wird. Dann – wenn der Mensch der inneren Stimme der Wahrheit Wort verleiht - wird er sich nicht mehr zum erdbeherrschenden Übermenschen aufschwingen wollen, sondern der Liebegeist Gottes Selber sich in den Menschen hinabschenken. Wenn sich die Menschheit diesem Geist, der über alle irdische Vernunft hinausreicht, öffnen würde, öffnete sich auch das verschlossene Tor zum Garten Eden wieder.

Den Möglichkeiten menschlichen Erfindergeistes werden keine Grenzen gesetzt sein, wenn der Mensch sich als Bindeglied zwischen der stofflichen und der geistigen Welt in den Dienst des göttlichen Planes stellen wird, anstatt ihm zuwider zu handeln. Dem menschlichen Bewusstsein werden sich neue Dimensionen erschließen, wenn der Mensch sich mit der Kraft des göttlichen Liebegeistes in Übereinstimmung bringen wird, anstatt diese beharrlich zu ignorieren. Erst wenn er diese metaphysische, geistige, göttliche Kraft, die der Grund seines und allen Lebens ist, anerkennen wird und ihr in Liebe zu dienen beginnt, wird sich das Ideal der geeinten Menschheit erfüllen.

Durch Liebe zum Weltfrieden zu finden ist zweifellos ein wünschenswerteres Ziel, als das entfesselte Inferno der internationalen Waffenpotentiale eines Dritten Weltkriegs, der vielleicht für alles Leben auf der Erde final wäre. Dies sollte Motivation genug zur Veränderung der Welt durch Veränderung des eigenen Lebens sein.

Die Revolution des 21. Jahrhunderts
findet im Herzen von jedem Einzelnen statt.

Die Alternativen der Zukunft

Das Ideal einer friedlichen Weltordnung wird sich nur durch eine neue globale Weltsicht realisieren lassen, die in einem allgemeinen Erkenntnis- und Bewusstseinsprozess das noch herrschende Konkurrenz-System im Interesse aller Lebewesen auf Erden überwindet. Denn dieses unzivilisierte System der Macht des Geldes, das die Welt regiert, trägt eine logische Dynamik in sich, die zwangsläufig zur rücksichtslosen Ausbeutung der Erde - und eskalierend zu immer größerer Armut der Massen – und schließlich zum völligen Zusammenbruch des ökologischen und ökonomischen Systems führen wird. Solange nicht als ökonomisch gilt, was der Ökologie im Ganzen nützt, sondern der Profit globaler Konzerne die Dynamik der Entwicklung lenkt, wird es keine Zukunftsalternative zur Zerstörung der Lebensgrundlagen auf der Erde geben. Die absehbare Not zukünftiger Generationen, die durch den weiteren Raubbau an den Ressourcen dieses Planeten unvermeidlich wäre, macht erforderlich - *jetzt* - nach gangbaren Wegen in eine wünschenswerte Zukunft zu suchen, denn die physischen, psychischen und geistigen Schäden, die durch das zu hinterfragende System alltäglich entstehen, sind in keiner Währung der Welt zu bemessen oder zu bezahlen. Das Ideal, das dem Einzelnen und Allen als Vision des 21. Jahrhunderts Motivation und Orientierung geben kann, ist die Harmonisierung des offenbaren Missklangs der Welt, in dem sich der Kopf des Menschen mit seinem verleugneten Herz wieder in Verbindung bringt. Der Mensch wird zu erkennen haben, dass sein Menschsein nicht ausmacht was er *hat*, sondern was er *ist*. Wenn er nicht freiwillig - mittels besserer Erkenntnis - das persönliche und nationale Ego seines fühllosen Verstandes transformiert, wird er sich durch die Folgen seines unbewussten Tuns selber zwingen, seine Verantwortlichkeit schmerzhaft zu erfahren.

Wenn der Mensch die jahrtausendelangen Konditionierungen des Massenbewusstseins überwinden kann, die ihn sich seines wahren Wesens immer mehr entfremdet haben, wird er schließlich eine höhere Seinswirklichkeit finden, als er sich jemals erträumen konnte. Es wird ein Unterschied wie Nacht und Tag sein, wenn der Mensch, der diesen Planeten bewohnt, aus dem unbewussten Dämmerschlaf seines Schein-Ichs zur Bewusstheit seines ganzheitlichen Wesens erwacht.

Die metaphysische Wirklichkeit

Das Ziel der zigmilliarden Jahre langen Entwicklung der Evolution ist die vollkommene Verwirklichung des göttlichen Bewusstseins im Menschen.

Die Menschheit glaubte über einen wesentlich längeren Zeitraum an die Existenz einer höheren Wirklichkeit und einen allmächtigen Schöpfergott (wie immer man Ihn nannte), als dass sich die Wissenschaft erst in der Neuzeit über diese Frage zerstritt. Wenn der Mensch aufhört die Kraft des göttlichen Liebegeistes beharrlich zu leugnen und sich mit Ihr endlich in Einklang bringt, wird sich dem menschlichen Bewusstsein die neue Dimension des Seins erschließen können.

Erst wenn er sich selbst mit dem Ganzen als untrennbar verbunden sieht, erwacht der Mensch aus dem Wahn des Sich- getrennt- Erlebens in der kosmischen und überkosmischen Ordnung der Allgegenwart Gottes.

Erst wenn er den Vielklang der milliarden Individuen dieser Erde als Einklang erkennt, wird der Mensch sich auf eine höhere Stufe der Wirklichkeit erheben können.

Wenn der Mensch sich als Bindeglied zwischen der stofflichen und der geistigen Welt in den Dienst des göttlichen Planes stellen wird, anstatt ihm fortwährend zuwider zu handeln, werden den Möglichkeiten menschlichen Findergeistes keine Grenzen mehr gesetzt sein.

Erst wenn er zu geistiger Reife erwächst, wird er die Energie des Lebens verstehen lernen. Jedoch solange wird der Mensch die alle Energieprobleme lösende Kraftquelle nicht finden, wie er sie machtpolitisch missbrauchen, sich an ihr bereichern oder noch todbringendere Waffen mit ihr konstruieren würde.

Erst wenn die Menschen, anstatt sich gegenseitig beherrschen zu wollen, einander annehmen und in Liebe dienen, wird sich das einst ins Schloss gefallene Tor zum „Garten Eden" wieder öffnen.

Erst wenn er diese metaphysische, geistige, göttliche Energie, die der Grund seines und allen Lebens ist, erkennen und in sich finden wird, kann sich das Ideal der geeinten Menschheit erfüllen und der „Himmel auf Erden" Wirklichkeit werden.

Dann erst wird der Mensch als Kind Gottes
den Namen „Ich bin" zu Recht tragen.

Das Ideal der geeinten Menschheit

Die Universelle Harmonik, als Rückerinnerung an das einstige ganzheitliche Weltbild, erkennt und beschreibt die Ordnung hinter, durch und in allen Erscheinungen des Lebens. In der integrativen Schau des Seins verbindet sie die verschiedenen Weltanschauungen der Zeiten und Kulturen im Hier und Jetzt. Als „Vielklang im Einklang" bezeichnet sie das Ideal einer global geeinten Menschheit, die mit jener heilwirkenden Kraft des Geistes vereinigt ist, die allem Leben innewohnt.

Diese Erkenntnis der Integrität des Menschen wird sich mit Macht verwirklichen. Denn der EINE Gott, der das EINE Leben in Allem ist, wirkt seit der Trennung des Menschen aus der Einheit auf das Ziel seiner Heimkehr hin. Diese Rückfindung geschieht durch die Geisterfüllung des Menschen, der aus der Gespaltenheit einer bipolaren Welt in das Einssein mit Allem zurückkehrt: *Eins* mit sich Selbst, *Eins* mit den Mitmenschen und *Eins* mit Gott.

Je weiter jemand von der Verwirklichung dieses Ideals entfernt ist, umso eingreifender wird der Wandel für ihn sein. Je länger jemand die Notwendigkeit der Verwirklichung dieses Ideals leugnet, umso schwieriger wird der Transformationsprozess für ihn, weil er den Weg der Erfahrung durch Irrtum zur Erkenntnis wählt.

In dieser Phase der Entwicklung befindet sich die Menschheit derzeit.

Diskrepanz zwischen Ideal und Wirklichkeit

Die Diskrepanz zwischen dem Ideal und der derzeitigen irdischen Wirklichkeit des beginnenden 21. Jahrhunderts ist augenfällig. Anstatt angesichts der globalen Probleme zu kooperieren, führen die Menschen noch immer Kriege. Es geht immer noch um das Haben - anstatt um das Sein. Noch regieren profitsüchtige Egoismen die Geschicke der Menschheit. Was die nationalegoistischen Volkswirtschaften in kulturelle, ökologische und humanistische Ziele investieren, ist ein winziger Bruchteil dessen, was sie für Rüstung und zur Erhaltung des destruktiven Systems der Zinswirtschaft ausgeben.

Die Steuergelder werden zum großen Teil dafür aufgewendet, das Vabanque-Spiel des globalen Bankensystems, das mit völlig abgehobenen Spekulationen eine Welt-Wirtschaftskrise nach der anderen auslöst, durch „Bankenschirme" abzusichern. Mit unvorstellbaren Summen im Billionen-Dollar-Bereich soll das alte Zinssystem, das die Masse der Menschheit mehr und mehr verarmen lässt – koste es was es wolle – weiterhin künstlich gestützt und noch einmal gerettet werden, weil einige Wenige von diesen Manipulationen der Diktatur des Kapitals massiv profitieren. Mit diesen Ressourcen ließe sich – anstatt das „Sklavensystem" zu stützen - beispielsweise der Hunger völlig aus der Welt schaffen und eine grundlegend neue Weichenstellungen für eine ökologische Zukunft gestalten.

Schließlich wird das Gebäude der kapitalistischen Weltwirtschaft auf seinen wankenden Pfeilern doch in sich zusammen stürzen, weil es nicht auf dem Fundament der spirituellen Wahrheit und Liebe steht.

So werden sich in allen Bereichen der menschlichen Gesellschaft die Verirrungen eines völlig überholten asozialen Denkens vergangener Jahrhunderte als Krebsgeschwüre zeigen. Wenn der Leidensdruck durch die Folgen des falschen Systems groß genug ist, wird der Mensch erkennen, dass sein Wohl untrennbar mit dem Wohl Aller verbunden ist.

Die Vision von der Neuen Erde

„Denn siehe, Ich schaffe einen neuen Himmel
und eine neue Erde.
Und an das Frühere wird man nicht mehr denken,
und es wird nicht mehr in den Sinn kommen."
(Jesaja 65,17)

Entfremdung und Entherzung

Seit die Wissenschaften in der Zeit der „Aufklärung" die menschliche Vernunft absolut setzte, will man nur noch das als wahr und wirklich gelten lassen, was man sehen, hören und verstehen kann (womit das Unsicht- und Unhörbare – sowie ein höheres Verstehen als das beschränkte Verstandesdenken) per Definition ausgeschlossen ist. Seit der Mensch seinen Verstand vergöttlichte, vergaß er sein Herz. Diese Leugnung der Existenz des Spirits und das „Nicht-mehr-die-innere-Sprache-des-Herzens-Verstehen" entfremdete den Menschen sich selbst immer mehr und machte ihn bei allem technischen Fortschritt zum geistigen Analphabeten.

In einer Zeit, die entscheidend für das Fortbestehen des Lebens auf diesem Planeten ist, wird noch wie vor 1000 Jahren die Entfaltung des Bewusstseins der Menschen aus egoistischen Interessen einer Machtelite – mit verheerenden Folgen für die Natur und das Klima auf der Erde – verhindert.

In einer Zeit, in der die „Global-Player" der Pharmakonzerne das entschlüsselte Erbgut der Pflanzen, Tiere und Menschen als ihr geistiges Eigentum patentieren lassen, wird es Zeit, dass wir uns fragen, wem eigentlich das Leben gehören.

In einer Zeit, in der Erdölkonzerne (die noch immer alle Alternativen der Energiegewinnung aus Macht- und Profitgier zu verhindern wussten,) ihren rücksichtslosen Raubbau an der Erde – mit den Folgen katastrophaler Klimaänderungen – auf die Spitze treiben, wird es Zeit, dass wir uns fragen, wem die Sonne, das Wasser, die Luft und die Erde gehört.

In einer Zeit, in der im Namen der „Gesundheit" die Krankheit zum Geschäft geworden ist und milliarden Menschen von der petrochemischen Industrie in Abhängigkeit von ihren Produkten gebracht werden, wird es Zeit zu fragen, was dem Menschen wirklich nützt.

In einer Zeit, in der die Menschheit längst zu wahrer Zivilisation erwacht sein sollte, werden milliarden Menschen in ihrer Persönlichkeitsentwicklung behindert, über die Möglichkeit zur tieferen Erkenntnis ihres Geistes getäuscht und ihrer spirituellen Freiheit beraubt.

In einer Zeit, in der wie vor tausend Jahren Religionskriege geführt werden und die institutionalisierten Religionen (andere Glaubensrichtungen und Anschauungen diskriminierend) den Anspruch erheben im Besitz der alleinseligmachenden Wahrheit zu sein, ist es an der Zeit Gott nicht mehr in Häusern aus Stein, sondern im eigenen Herzen zu suchen.

In einer Zeit, in der sich der Mensch durch Manipulation von Machtinteressen so weit sich Selbst entfremdet hat, dass er – sein wahres Wesen kaum noch ahnend, sein Schein-Ich mit Scheinwerten nährend – angsterfüllt Konkurrenz und Lebenskampf für die Wirklichkeit hält, wird es Zeit, dass wir uns fragen, was unsere Verantwortung in dieser Welt ist.

Das sind Fragen, deren Antworten die Welt erlösen können aus ihrer Gebundenheit durch persönliche und nationale Egoismen. Das sind Fragen, deren Antworten Niemand Niemandem diktieren kann, weil jeder sie nur in lebendiger Erfahrung in sich Selbst finden kann.

Es liegt nicht an der beschränkten Wahrnehmungsfähigkeit ihrer Sinne, dass die meisten Menschen in der Erkenntnis der Wirklichkeit ihres metaphysischen, geistigen Seins noch wie blind sind, denn aufgrund ihrer inneren Sinne und der ihnen verliehenen Vernunft sollten sie in der Lage sein, die harmonikalen Gesetze zu erkennen, nach denen nicht nur der Mikro- und Makrokosmos geordnet ist, sondern auch das innere Universum ihres körperlich-seelisch-geistigen Wesens. Dann würden sie erkennen, dass sie nicht nur ein physisches Herz haben, sondern auch ein seelisches Herz, in dem das ganze Universum Raum hat – und ein geistiges Herz, in dem die Quelle des Lebens entspringt und die Liebe Gottes Selber wohnt.

Was kostet Menschlichkeit?

Es ist ein Problem der gesamten Weltgemeinschaft. Wie gehen die reichsten Industrienationen mit den Schulden armer Länder der (sogenannten) „Dritten Welt" um? Mit der gleichen menschenverachtenden Arroganz, mit der Banken es im „Kleinkredit-Geschäft" den in Not geratenen Ärmsten (wenn diese überhaupt einen Kredit bekommen), durch überhöhte Zinsforderungen unmöglich machen, wieder auf die Beine zu kommen. Den Wert eines Menschen an seinem materiellen Besitz von „bankenüblichen Sicherheiten" zu bemessen, ist eines der evidenten Zeichen von Unzivilisiertheit.

Schlimmer noch verhält es sich mit den „Schulden" der sogenannten „Dritten Welt", die nicht nur zu Kolonialzeiten, sondern noch immer – zugunsten der reichen Industrienationen der sogenannten „Ersten Welt" – ausgebeutet wird. Anstatt dringend erforderliche Lebensmittel anbauen zu können, nötigt man sie durch Schuldenabhängigkeiten zum Anbau von Exportartikeln für die Luxusansprüche der reichen Länder. Was für ein fragwürdiger Reichtum Weniger, der auf der Armut Vieler basiert?!

Der IWF (Internationale Währungsfonds) und die Weltbank, die eigentlich für wirtschaftliche Stabilität der armen Nationen der Welt sorgen sollten, sind selber Instrumente der Ausbeutung. Und auch die UNO (Vereinten Nationen) werden von einigen wenigen reichen und mächtigen Staaten dominiert, die noch allzeit verstanden haben, ihre wirtschaftlichen Kapitalinteressen gegen allgemein-humanistische Ziele durchzusetzen.

Dies wirft einmal mehr die Frage auf, wer die Welt regiert? Wem dient das Konkurrenzdenken? Wer missbraucht die Regierungen und Medien, dass sie das menschliche Individuum in Abhängigkeit halten? Noch immer wusste man das Erwachen der Menschheit aus wirtschaftlichem Eigennutz und Machtwahn zu verhindern. Das Menschen unwürdige Weltwirtschaftssystem der Diktatur des Kapitals ist ein System der Entmenschlichung, das darauf ausgerichtet ist, die wahren Werte der gemeinsamen Menschlichkeit und der Verantwortlichkeit für eine lebenswerte Entwicklung dieses Planeten, zugunsten eines künstlichen Scheinwertes, von dem nur wenige profitieren, zu eliminieren. Anstatt ein selbstverantwortliches, glückliches Leben zum Nutzen und zur Freude Aller, wird der nationale, wirtschaftliche und persönliche Egoismus zum System erhoben, das dem globalen Menschen, der diesen Planeten bewohnt, ein Krebsgeschwür ist.

Dieser kurzfristige Eigennutz („Nach uns die Sintflut!") ist in Wirklichkeit Zeichen größter Armut. Diese Rücksichtslosigkeit schafft, anstatt jene Probleme zu lösen, die sie verursacht hat (irreversible Klimaänderungen durch die Ausbeutung der Ressourcen der Erde, Hunger, Vertreibung, Kriege ...) - nur immer größere Probleme.

Die Überwindung dieses kranken Systems beginnt nicht zuletzt im Umgang mit den verschuldeten und verarmten Ländern dieser Welt. Im Erkennen, dass alle Völker Organe des großen „Organismus Weltmensch" sind, muss uns in allgemeinem Interesse besonders das Gesunden unserer kranken Organe am Herzen liegen. Denn so, wie wir mit den Armen umgehen, gehen wir mit uns selber um, da wir irgendwann (Gesetz von Ursache und Wirkung) am eigenen Leib erfahren müssen, was wir Anderen antun.

Das Universum hält für jedes Lebewesen, was es zum Leben benötigt, mehr als genug bereit. Die Erde würde bei einer gerechten und kooperativen Weltwirtschaft (in der es in der Welt keinen Hunger mehr geben würde, weil die Ressourcen durch gerechte Verteilung allen zugute kämen) auch doppelt so viele Menschen ernähren können.

Der Blick aus dem All auf die Erde zeigt: es gibt keine Grenzen und die Rauchfeuer der Krisenherde dieser Welt, die die dünne Atmosphäre unseres Weltenkörpers durchwehen, sind nicht weit entfernt. Es ist ein einziger Lebensraum. Nichts geschieht, was nicht Auswirkung auf Alles hätte. Alles ist mit allem verbunden – jeder Mensch untrennbar mit allen anderen Lebewesen auf diesem kleinen Planeten. Keine Handlung, die nicht Auswirkung auf Alles hätte.

Zyklische Weltwirtschafts-Krisen

Das noch herrschende System der Zinswirtschaft wird auch mit Billiarden Dollar nicht zu retten sein. In immer kürzer werdenden Abständen und mit immer heftigeren Auswirkungen für die verflochtene Weltwirtschaft werden sich die Krisen zyklisch wiederholen. Denn sie sind die logische Konsequenz des globalen kapitalistischen Systems, das durch die Zins-

Wirtschaft die Armen immer ärmer und wenige Reiche immer reicher macht. Je länger grundlegende Konsequenzen verzögert werden, umso schlimmer wird der schließliche Zusammenbruch sein.

Das derzeit noch herrschende Weltsystem des kapitalistischen Materialismus` ist als Relikt des 19.- und 20. Jahrhunderts der Gegenwart schon lange zum Hemmnis wahren Fortschritts geworden. Aber die kurzfristigen Interessen der Weltökonomen und Politiker sind mit diesem System so eng verbunden, dass ihnen der nötige Abstand fehlt um Visionen für die Zukunft zu entwickeln. So dient also der Mensch vorerst weiterhin dem Gelde, anstatt das Geld dem Menschen. Wie das Geld von der Herrschaft über den Menschen zu entthronen und ihm stattdessen dienstbar zu machen ist, zeigt zum Beispiel das „Freigeld" von Silvio Gesell und anderen Ökonomen einer „Freien Sozialen Marktwirtschaft", die diesen Namen tatsächlich verdient.

> *„Wir erwarten aber nach Seiner Verheißung*
> *Neue Himmel und eine Neue Erde,*
> *in denen Gerechtigkeit wohnt."*
> (2 Petrus 3,13)

Es wird dem Menschen wie eine Erlösung vorkommen, wenn er sich von der Vorherrschaft des Geldes in der Welt endlich befreien wird, um im Sein – anstatt im Schein - zu leben.

Die Annahme der Verantwortlichkeit

Das Annehmen der Verantwortung für sich selbst und die Kreatur dieses Planeten ist die Voraussetzung für die Befreiung aus den Verstrickungen des alten Systems, das den Menschen sich seiner Seele entfremdet und die Kreatur knechtet. Aus der unteren mentalen Ebene eines bi-gespaltenen Verstandes-Denkens erhebt sich der bislang unfrei gehaltene Mensch in die Freiheit seiner Selbstverantwortlichkeit auf die Ebene eines höheren Bewusstseins, das die Wirksamkeit und Folgen seines Denkens und Tuns anerkennt.

Die Gesetze des Systems erweisen sich aus der Sicht eines selbstverantwortlichen Bewusstseins als Machtinstrument zur Unterwerfung des Menschen im Interesse der Machthabenden.

Diese Gesetzmäßigkeiten sind willkürlich und nicht im Einklang mit den universellen Gesetzen und Prinzipien. Es wird klar, dass Veränderung innerhalb des Systems nur neue Abhängigkeiten schaffen würde. Hier beginnt die Verantwortlichkeit des Einzelnen – nicht mehr der Willkür - sondern den universellen Prinzipien und dem Gebot der Liebe zu folgen. Diese Erkenntnis und deren tatkräftige Umsetzung durch Verweigerung gegenüber dem Unterdrückungssystem (im Einklang mit den kosmischen Prinzipien in der Gegenwart der Liebe), bewirkt bewusste Reflektion und schließlich die Umwandlung zum höheren Bewusstsein im persönlichen (und schließlich auch gesamtgesellschaftlichen) Transformationsprozess.

Das ist die Chance, die das Problem des überdehnten Systems der Ausbeutung und Fremdbestimmung zur Erlangung eines neuen individuellen und gesellschaftlichen Bewusstseins birgt: Wenn der Mensch seine Fähigkeit zur Veränderung durch die Übernahme seiner Verantwortung erkennt, lässt er sich nicht mehr lenken und fremdbestimmen, sondern wird sich in der Macht seiner gottgeschenkten Autonomie vom unzivilisierten System, das sich bisher parasitär von seiner Energie nährte, durch eine Zäsur befreien.

Auf diese Weise eröffnet das Problem eines unreformierbaren alten Systems der Unzivilisiertheit die Möglichkeit zu etwas gänzlich Neuem:

Durch die bewusste Wahrnehmung der persönlichen Freiheit und Verantwortung muss das alte System der Unver-antwortlichkeit und Unfreiheit enden und die neue Zivilisation einer Gesellschaft selbstbestimmter Individuen beginnen, weil die Selbstverantwortlichkeit des Einzeln die Basis ist, auf der die Gemeinschaft des „Neuen Menschen" gründet.

Der Mensch ist Schöpfer seiner eigenen Welt
– noch kaum ahnend sein Ziel der Bewusstheit.
Und was er in seiner Nacht noch für Utopie hält,
erweist sich im Licht der Wahrheit als Wirklichkeit.

Die Konkurrenzlose Gesellschaft

Eine Veränderung des Menschen zum wahrhaft Besseren – der Entwicklung seines ganzheitlichen Wesens und der Einswerdung mit Gott, sich Selbst und Allem – wird sich nicht eher vollziehen können, bis er die Rivalitäten des Konkurrenzdenkens überwunden hat. Die Veränderung der Menschheit zu einer friedvollen Gesellschaft in einer prosperierenden Welt, wird sich nicht eher verwirklichen können, bis sich das längst überholte System konkurrenten Gegeneinanders im neuen Paradigma des Mit- und Füreinanders aufgelöst haben wird.

„Was ist gegen Wettbewerb einzuwenden?" – wird mancher fragen – und mit „Belebung des Geschäfts" argumentieren oder „mangelnder Motivation zu Eigeninitiative im Kommunismus" – und nicht zuletzt mit „Spaß an Spiel und Sport". Die Meisten sind seit frühester Kindheit im beruflichen und sportlichen Wettbewerb so sehr konditioniert und gebunden, dass sie sich gar nichts anderes mehr als „Wettstreit" vorstellen können.

Seit die alten Griechen den Wettbewerb durch die Olympiade zum Kult erhoben, wurde das Streben, die Anderen zu besiegen, zum Leitmotiv der globalen Konkurrenzgesellschaft. Mit „Mensch ärgere Dich nicht" und tausenden anderen Konditionierungsspielen, bei denen es darum geht, die Anderen zu überlisten, aus dem Spiel zu werfen und vernichtend zu schlagen, werden die Menschen – von frühester Kindheit an – an ein Verhalten gewöhnt, das den Mächtigen der Welt Gängelband und Nasenring ist, an dem sie die Massen führen. Auf diese Weise lenkten schon die Patrizier im alten Rom mit „Brot und Spielen" den Willen der Proleten. Wie damals im Kolosseum und den Amphitheatern wird die Aufmerksamkeit der Massen heute in Fußballstadien und Boxarenen zielgesteuert von den Interessen der modernen Cesaren in den Chefetagen der globalen Konzerne abgelenkt.

Auch der nach oben oder unten gerichtete Daumen, der im Colosseum Maximum über Leben und Tod entschied, ist als Symbol verstandesmäßigen Urteilens und Richtens in vielen Internetportalen wieder en vogue. Man urteilt, bewertet und richtet heute per Mausklick allzuoft über etwas, von dem man mangels vertiefender Prüfung (zu groß ist das Informations-Angebot) nicht wirklich Kenntnis hat. Doch Vorsicht ist geboten: Das Richten richtet den Richter Selbst. Er urteilt über etwas, was er als eigenen Wesensteil verdrängt hat, sonst berührte es ihn nicht. Somit fällt der Richter mit dem Urteil, das er über Andere spricht, (nach dem Gesetz der Äquivalenz) sein eigenes Urteil.

Die Urteilung be- und verurteilt ein Geschehen immer aus der bipolaren Sicht der subjektiven Wahrnehmung heraus. Das Richten wird von den Mächtigen als Methode zur Ablenkung von den eigenen Interessen gefördert, um auf diese Weise die Verstandeskonditionierungen der Menschen aufrecht zu erhalten. Denn das System der Konkurrenzgesellschaft ist das perfide Ergebnis einer Jahrtausende alten Absicht – man kann sagen „Verschwörung", die von den Mächtigen aller Zeiten zur Festigung ihrer Macht betrieben wurde. Weil nichts gefährlicher für den Machterhalt als sich selbstbewusste Menschen oder ein geeintes Volk ist, war und ist es das Ziel der Politik der Mächtigen Misstrauen zu säen und Verhältnisse der Rivalität (das Parteiensystem) zu schaffen, in der Jeder mit Jedem konkurriert und alle gegeneinander kämpfen. Nichts wäre diesem machtpolitischen Ziel abträglicher, als wenn die Menschen einander akzeptieren würden, so wie sie sind.

Deshalb war es schon immer die Absicht der Herrschenden, die Menschen so zu formen, wie man sie gebrauchen wollte. Diesem Zweck hatten die Schulen, Institutionen und Medien zu dienen – wie es noch heute ihre machtgesteuerte Aufgabe ist. Diese überkommenen konkurrenten Verhaltensmuster halten die Menschen bis heute als Massenbewusstsein in einer Sicht der Welt gefangen, die noch unfähig ist, die bipolaren Gegensätze in einem ganzheitlichem Bewusstsein zu Einen. Seit Jahrtausenden wird die Menschheit auf diese Weise in einem Entwicklungszustand gehalten, der wahrlich kein Merkmal einer zivilisierten Gesellschaft ist.

Das Gewinnen und Verlieren sind zwei Seiten derselben Medaille. Immer bedeutet die Konkurrenz des Wettbewerbs einen Sieger und viele Verlierer. Doch letztlich kann niemand in diesem Wettbewerb wirklich gewinnen. Die Freude des Sieges birgt die Trauer der Niederlage. Bisher kam noch für jeden Boxweltmeister der Tag, an dem ein Stärkerer kam; für jeden Revolverhelden Einer, der schneller war. Nein, nicht einmal die Mächtigen der Welt, die es sich angelegen sein lassen, die Menschen in Unbewusstheit zu halten, indem sie das Konkurrenzsystem fördern und aufrechterhalten, können durch die Kontrolle über die globale Weltwirtschaft, die Medien und die Politik letztlich bei diesem Schach der Macht wirklich gewinnen. Denn am Ende dieses bipolaren Spiels nimmt niemand seinen Spielgewinn mit. Und gerade Jene, die Anderen aus Profitinteressen eine persönliche Bewusstseinsentwicklung verwehrten, werden mit Schrecken gewahren, dass es im Leben in Wirklichkeit um ganz andere Werte ging, die sie im Wahn des Spieles von Weiß gegen Schwarz zu sammeln versäumten.

Nun mögen die Verfechter des Wettbewerbs (frei nach Darwin) sagen: „Das Prinzip der Konkurrenz ist dem Menschen von der Natur eingepflanzt. Unmöglich, sich dieser natürlichen Veranlagung zu erwehren, wie zahllose Beispiele im Tierreich lehren." Darauf ist zu antworten: „Ja, das Massenbewusstsein der Jahrtausende, das alle Siege und Niederlagen der Welt im Unterbewusstsein des Menschen bewahrte, ist tatsächlich eine mächtige Kraft, aber sie ist weder angeboren, noch unüberwindbar."

Nein, im Grunde ist der Mensch ein soziales Wesen, dem das Einanderhelfen näher ist, als die Absicht, die Mitmenschen zu besiegen; dem Friede und Liebe näher sind, als eigennützige Vorteilnahme und gegenseitiges Bekriegen.

Tatsächlich ist das Konkurrenzprinzip ein Relikt uralter vitaler Triebhaftigkeit. Aber es liegt am Grad der Bewusstseins-Entwicklung des Menschen, unbewusst (im subtilen tierischen Balz- und Konkurrenzverhalten) zu verbleiben, oder zu höheren Bewusstseinsebenen zu erwachen.

In Wahrheit ist die Vorstellung eines Widerstreites der Pole barer Unsinn. Es gibt keine Konkurrenz zwischen den Polen. Oder sollte die linke gegen die rechte Herzhälfte kämpfen – oder die rechte gegen die linke Hirnhälfte? Aus ganzheitlicher Sicht kann der eine Pol ohne den anderen nicht sein. Sie bedingen einander in harmonischer Wechselwirkung. Auf den höheren Bewusstseinsstufen eines zum geistigen Sein erwachten Menschen, der bewusst die beiden Pole in sich vereint hat, ist das Konkurrenzprinzip für immer überwunden.

Auf diese Weise dem scheinbar ewigen Streit im Schach von Schwarz gegen Weiß entkommen, hat der erwachte Mensch aufgehört, gegen sich selbst zu kämpfen. In ganzheitlichem Verstehen erkennt er, weil alle Menschen miteinander verbunden und in Wirklichkeit untrennbar Eins sind, den bekämpften Konkurrenten als einen Teil von sich Selbst. Da ist

dann keine Verdrängung dieses Wesenteils mehr möglich, weil klar geworden ist, dass im Kampf gegen Irgendjemanden man sich nur Selbst bekämpft. Die `Neuen Menschen´ der `Neuen Erde´ bedürfen dieser unbewussten, vitalgesteuerten Kämpfe um scheinbaren Vorteil oder Gewinn nicht mehr, da sie wissen, dass sie im Sieg über den Besiegten sich nur selbst besiegten.
In diesem Wahrheitslicht erscheint das gestrige triebgesteuerte Konkurrenzdenken wie Nacht - und die Freude am Erwachen an jenem lichten Morgen einer aufatmenden und erblühenden Welt, wird im bewussten Erkennen groß sein: Jeder dient sich durch den Dienst am Ganzen selbst am meisten!
Wie ein Schatten im Licht verflüchtigt sich in diesem Erkennen jedes Streben nach „Eigennutz" (auf Kosten Anderer), das sich im Licht der Höheren Wirklichkeit nur als Selbstbetrug und Selbstbegrenzung erweist.

Die Relativität des Eigentums

Alte Vorstellungen von „Geistigem Eigentum" sind nun obsolet und überholt, da man erkennt, dass alle Gedanken aus jenem großen Pool geschöpft werden, in dem alle Gedanken, die Menschen je dachten, die Basis allen Denkens sind. Keine moderne Komposition, keine neue wissenschaftliche Erkenntnis oder technische Erfindung kommt aus dem Nichts. Sie sind nicht wirklich Geistesprodukt dessen, der diese Musik, Erkenntnis, Erfindung in sich fand, sondern auf dem Humus aller menschlichen Erfahrung vor dem Hintergrund der kosmischen Seinswirklichkeit gewachsen. Kein Produkt eines Einzelnen also – sondern Gemeinschaftsleistung Aller. Anstatt über Urheberrechte zu streiten, wird Jeder, der seine Ideen aus diesem allen gemeinsamen Inspirationspool schöpft, zur Bereicherung des gemeinsamen Ganzen danach trachten, bestmögliche Gedanken in diesen Gedankenpool hinein zu denken.
Unabhängig davon ist selbstverständlich jede kreative Leistung eines Individuums zu achten und zu ehren. Das Zitieren von Texten, die Verwendung von Erfindungen oder künstlerischen Werken ist auch weiterhin mit Quellenangaben zu versehen.
Ähnlich wie mit dem „Geistigen Eigentum" verhält es sich mit dem vermeintlichen Eigentum an Land und materiellen Werten. Diesbezüglich kann die konkurrenzlose Gesellschaft viel von

den Ureinwohnern der Erde lernen, denen die Vorstellung, man könne den Boden, das Wasser, die Luft besitzen, völlig abwegig erscheint. Für sie war (und ist) der Reichtum der Mutter Erde eine Leihgabe des Großen Geistes.

> *"Was ist es, das ihr Eigentum nennt? Es kann nicht die Erde sein, weil sie unsere Mutter ist, die alle ihre Kinder ernährt: Tiere, Vögel, Fische und Menschen. Die Wälder, die Flüsse, alles auf ihr gehört allen und ist für uns alle da. Wie kann ein Mann sagen, dass es nur ihm gehört?"* (Massasoit, Wampanoag-Indianer)

> *"Meine Vernunft sagt mir, dass man Land nicht verkaufen kann. Der Große Geist gab es seinen Kindern, um darauf zu leben. So lange sie es bewohnen und bebauen, haben sie einen Anspruch auf den Boden. Nichts kann verkauft werden, außer die Dinge, die man wegtragen kann."* (Black Hawk, Fox-Indianer)

> *"Die Erde ist allgemeines und gleiches Eigentum der gesamten Menschheit und kann deswegen nicht das Eigentum individueller Personen sein."* (Leo Tolstoi)

Ebenso erkennt der erwachte Mensch, dass es in der Welt nicht um „das Haben" – sondern vielmehr um „das Sein" geht. Im Geiste erwacht, der ewigen Seele bewusst geworden, erweist sich der Körper und die Materie nicht als Selbstzweck, sondern als Ort der Verwirklichung des geistig-seelischen Seins. Der Reichtum an materiellen Werten (die in der Welt in Form von Gold und Geld konvertierbar sind) ist Nichts, was der Bewusstseinsentwicklung – dem eigentlichen Grund des Hierseins – wirklich nützlich wäre. Vielmehr bedeutet der Besitz von Ressourcen Verantwortung, die für den Besitzenden umso größer ist, je größer der Reichtum ist, über den er verfügt.
Im Erkennen, dass es nur das konditionierte „Schein-Ich" des fremdprogrammierten Verstandes war, das in Ermangelung von Liebe fürchtete, nicht genug zu bekommen und nur deshalb seine Konkurrenzstrategien entwickelte, weiß der geweckte Mensch, dass im Vertrauen auf die Liebe Gottes, als dessen Kind er sich erkennt, dass er aus unerschöpflichem Vorrat schöpft und für alle Wesen auf diesem Planeten bestens

gesorgt ist. Es ist genug für alle da, wenn der Mensch seine Verantwortung nicht sträflich missachten und aus Gründen der „Konkurrenzfähigkeit", zum Beispiel Pestizide und Gifte in der Nahrungsmittelproduktion einsetzen, oder – während Menschen in der Welt verhungern – Berge von Lebensmitteln vernichten würde, um aus „Wettbewerbsgründen" die überhöhten Marktpreise aufrechtzuhalten.

Das Erwachen der Liebe im Erkennen des Geliebtseins wird ein mächtiges Kraftpotenzial freisetzen, das in der menschlichen Gesellschaft durch völlig widersinnigen Wettstreit jetzt noch unproduktiv gebunden ist.

In der konkurrenzlosen Gesellschaft wird niemand mehr hungern oder in seiner Freiheit unterdrückt sein, denn jeder wird in der Erkenntnis sein Bestes geben, dass er selber nur dann wirklich frei sein kann, wenn alle frei sind; dass niemand in vollkommener Freude leben kann, solange noch ein Einziger in der Welt leidet. Es wird wie Schuppen von den Augen fallen, was für ein Wahnsinn und was für eine Vergeudung an Kraft und Ressourcen es ist, Sollbruchstellen in die Produkte einzubauen, dass die Gegenstände in bestimmter Zeit defekt werden, damit neue gekauft werden müssen. Die Abschaffung von zahllosen derartigen Destruktionen einer willkürlichen Marktregulierung aus kapitalistischem Profitstreben, die – im Licht der Wahrheit betrachtet egoistischer Wahnsinn sind - schafft Raum zur Neuordnung der Welt unter konkurrenzlosen Bedingungen. Wenn es keine Absicht mehr gibt, die Konkurrenz auszustechen und die Konsumenten mit Vorteilnahmen zu betrügen, wird die menschliche Gesellschaft der Konkurrenzlosigkeit in kürzester Zeit zum Aufblühen einer Weltwirtschaftlichkeit finden, die allen nützt.

In der Wahrnehmung jedes Einzelnen - als konkurrenzlos einzigartig - hört jede Rivalität zur Entfaltung einer nie dagewesenen Lebensfreude auf. Anstatt sich auf Kosten Anderer bereichern und profilieren zu wollen, wird es nun vielmehr darum gehen, jeden Menschen gemäß seiner individuellen Begabungen bestmöglich zu fördern, weil er für die Gesellschaft dann am nützlichsten ist, wenn er - anstatt zurechtgebogen zu werden, wie man ihn haben will - sich im „Sein-wie-er-Ist" zweifellos am besten verwirklichen kann. Es wird allen klar, dass Kreativität und Gemeinnutz sich dort am besten entfalten können wo Menschen ihre Arbeit in Eigenverantwortlichkeit und Freude vollbringen. Deshalb wird – im Gegensatz zu den noch herrschenden Macht- und Kontrollmechanismen der unzivilisierten Konkurrenzgesellschaft – in der zukünftigen Selbst-Verantwortungs-Gemeinschaft die Zufriedenheit des einzelnen Menschen (zum Gewinn Aller) im Vordergrund stehen.

Da, wo die Partner – das gilt insbesondere auch für eheliche Beziehungen – gegenseitig die Freude des Anderen suchen, erübrigen sich Besitzansprüche und das Macht- und Kontrollverhalten eines rivalisierenden Konkurrenzgehabes von selbst.

*Oh freudiges Erwachen
einer erwachten Menschheit
auf diesem glückseligen Planeten.*

Der Globale Dialog

Die tatsächliche Verwirklichung des Ideals einer geeinten Menschheit setzt einen globalen Dialog voraus, in dem nicht die Macht des Stärkeren oder nominelle Mehrheiten, sondern vor allem die Kraft der Erkenntnis und ethische Wahrhaftigkeit zählen.

Wie nie zuvor in ihrer Kulturgeschichte ist die Menschheit durch die modernen Kommunikationsmedien heute zu einem globalen Dialog befähigt – und nie zuvor war dieser interkulturelle Dialog nötiger als heute. Insbesondere das Internet ermöglicht diesen weltumspannenden Austausch, der durch die Folgen der unverhältnismäßigen Haushaltung mit den Ressourcen der Erde auch erforderlich ist, wenn dieses Jahrhundert nicht das letzte in der Menschheitsgeschichte gewesen sein soll. Denn wenn zwar die eigentliche bewusstseinsverändernde Revolution nur im Herzen von jedem Einzelnen stattfinden kann, wird der welterlösende Prozess des Erwachens der Menschheit jedoch nur im weltweiten Dialog Wirklichkeit werden können.

Dieses multilinguale Gespräch über das Wesentliche der Gegenwart wird die Erkenntnis fördern, dass in Wirklichkeit nur ein einziger Mensch diesen Planeten bewohnt, von dem jeder von uns ein autonomer Teil ist. Dann wird sich uns in der Erkenntnis, dass wir uns selber antun, was wir den Anderen zufügen, der Schleier von den Augen heben. Dann erst werden wir verstehen, wie sehr uns das alte egoistische Macht- und Konkurrenzdenken mit Blindheit schlug. Dann werden wir erkennen, dass wir in den Mauern, die wir um uns herum bauten, selbst gefangen waren.

Wären alle Menschen gleich, bräuchte Niemand die Anderen. Man wäre sich selbst genug und hätte einander nichts zu geben. Doch da keiner in seiner Einzigartigkeit wie ein Anderer ist, können die Individuen sich gegenseitig ungemein bereichern, indem sie sich in ihren individuellen Sichtweisen vollkommen ergänzen.

Der interreligiöse Dialog der verschiedenen Religionen würde im Austausch der bewahrten Aspekte der einstigen Urreligion zu wahrhaft spiritueller Erfahrung führen. Die separierten Wissenschaften würden im interdisziplinären Dialog zur wahren Erkenntnis der ganzheitlichen Wirklichkeit und zur Blüte geistigen Fortschritts erwachen.

Aber wer kann diesen notwendigen Dialog der Menschheit des 21. Jahrhunderts moderieren?

Die UNO wäre – wenn sie tatsächlich eine Einrichtung der „Vereinigten Nationen der Welt" wäre - sicher die richtige Adresse, doch leider ist sie gegenwärtig kaum mehr als ein Kontrollmedium der mächtigsten Wirtschaftsnationen über den übervorteilten Rest der Welt.

Wer sonst könnte dieses erforderliche Gespräch in Gang setzen, das die Menschheit aus der Vergangenheit eines destruktiven Konkurrenzdenkens in die goldene Zeit eines friedlichen Seins synergetischer Koexistenz führt? Etwa der Internationale Währungsfonds – oder gar die Weltbank? Das hieße den Bock zum Gärtner machen, denn hier geht es nicht um System-Korrekturen, sondern um die Erfordernis eines grundlegenden Paradigmen-Wechsels. Sicher wird dieser Bewusstseinswandel von einer egoistischen zu einer geeinten Menschheit auch nicht auf demokratischem Wege zu bewirken sein, da die leicht zu manipulierenden Massen letztlich doch wieder nur den eigenen kleinlichen Vorteil suchen würden, anstatt das Alle bereichernde Glück. Wer also kann diesen globalen Dialog im Namen der Natur und allen Lebens auf der Erde initiieren, damit eine bewusstere und wahrhaft human zu nennende Generation eines Neuen Menschen die zunehmend eskalierenden Probleme auf diesem Planeten einvernehmlich lösen kann?

„Man hat euch gesagt, es wäre fünf vor zwölf. Nun geht zurück und sagt den Menschen, dass dies die Stunde ist! Es gibt einiges zu überdenken: Wo lebst du? Was tust du? Welcher Art sind deine Beziehungen? Bist du in der richtigen Beziehung? Wo ist dein Wasser? Kenne deinen Garten! Es ist Zeit, deine Wahrheit auszusprechen. Erschaffe deine Gemeinschaft. Sei gut zu dir selbst. Und suche nicht im Außen nach einem Führer. Dies könnte eine gute Zeit werden! Es gibt einen Fluss, der sehr schnell fließt. Er ist so groß und schnell, dass es Menschen gibt, die Angst davor haben. Sie werden sich am Ufer festhalten. Sie werden das Gefühl haben, zerrissen zu werden und sehr leiden. Du sollst wissen, dass der Fluss sein Ziel hat. Die Ältesten sagen, dass wir das Ufer loslassen müssen, uns abstoßen und in die Mitte des Flusses schwimmen, unsere Augen offen halten und unsere Köpfe über Wasser. Dann schau, wer bei dir ist und mit dir feiert. In dieser Zeit jetzt dürfen wir nichts persönlich nehmen, am Allerwenigsten uns selbst. Denn sobald wir das tun, stoppt unser spirituelles Wachstum. Die Zeit des einsamen Wolfs ist vorüber. Versammelt euch! Verbannt das Wort Kampf aus eurer Geisteshaltung und aus eurem Vokabular. Alles was wir jetzt tun, muss auf heilige Art und Weise getan und zelebriert werden. Wir sind diejenigen, auf die wir gewartet haben."*
(Statement der Ältesten der Hopi-Indianer, Arizona)

Ja, die Initiative zu dem globalen Dialog, der in Überwindung des jahrtausendelang gewachsenen Massenbewusstseins aus der Gespaltenheit des bipolaren Denkens ins Licht der höheren Erkenntnis ganzheitlicher Wirklichkeit führt, kann nur von den im Geist und im Herzen Erwachten kommen, die mehr und mehr in allen Kulturen aus dem Zustand der Unbewusstheit zum wahrhaften Leben auferstehen.

Nur sie, die bereits im Geist Einsgewordenen, können diesen notwendigen Dialog der Menschheit moderieren, weil sie nicht korrupt nach materiellem Gewinn oder politischer Macht streben, sondern den Frieden – zu dem die Menschheit des 21. Jahrhunderts erst noch finden muss – bereits im eigenen Herzen gefunden haben.

Während der größte Teil der Menschheit noch von den politischen, religiösen und sozialen Systemstrukturen der Vergangenheit in Unwissenheit und Unkenntnis über ihr wahres ganzheitliches Wesen gehalten werden, erwachen – in dieser Zeit des Übergangs in das neue Zeitalter des Wassermanns – in allen Kulturen immer mehr Menschen, die im Licht der Erkenntnis einer umfassenden Wahrheit sehen und die Quelle des Lebens in ihren Herzen gefunden haben. Denn das ist die Voraussetzung für die Moderatoren des globalen Dialogs, dass sie die Freiheit des absichtslosen Handelns und die Gegenwart im Hier und Jetzt in sich selbst gefunden haben.
Das Medium Internet befähigt uns als Kommunikationsmedium des 21. Jahrhunderts über alle Grenzen hinweg zu diesem notwendigen weltumspannenden Informationsaustausch der Menschheit über den weiteren Weg und das Ziel des Lebens.

Die Akademie der Harmonik konzipierte die Infrastruktur und die Kommunikationswerkzeuge, mittels derer sich ein solcher Dialog in allen Sprachen realisieren ließe.
Technische Innovationen, wie zum Beispiel das „Locate-Systems 21", das in der Lage ist, Suchergebnisse nach inhaltlichen und geographischen Kriterien zu präzisieren - ermöglichen durch die Regionalisierung des WorldWideWeb den globalen Dialog der Menschheit.
Auf diese Weise ließe sich ein „virtueller Spiegel der Erde" mit der Möglichkeit verwirklichen, virtuell in jede Kulturregion und jeden Sprachraum auf diesem Planeten zu reisen.
Am Anfang soll die Veranstaltung eines globalen Internet-Festivals („music21") den Kulturschaffenden der Kulturen der Welt optimale Präsentations- und Vertriebsmöglichkeiten ihrer Kunst zur Verfügung stellen. Daraus kann sich dann die WeltKulturMesse des 21. Jahrhunderts („fair21") entwickeln.

Zur gemeinnützigen Verwirklichung dieses Projektes ist die Gründung einer internationalen Stiftung („FairNet Foundation") geplant, die auf der Basis einer Open-Source-Community die Veranstaltung multilingual organisieren soll.

Wer an der Verwirklichung dieses Projektes im Interesse aller mitarbeiten möchte, ist herzlich zur Mitarbeit eingeladen.

Die Überwindung der Unzivilisiertheit

Weltverschwörung: Wahrheit oder Lüge?
Die Notwendigkeit zur Überwindung des unzivilisierten Systems der gestrigen Konkurrenzgesellschaft erklärt sich auf immer drängendere Weise von selbst. Flüchtlingsströme – globaler Klimawandel – Religionskriege und Weltuntergangserwartung … Da auf die gesellschaftlichen, klimatischen und Ressourcen vergeudenden Auswirkungen dieser Herrschaftsordnung vergangener Jahrhunderte bereits ausführlicher eingegangen wurde, deren Folgen – beispielsweise die immer weiter auseinanderklaffende Schere zwischen Arm und Reich – vor aller Augen sichtbar das System der Diktatur des Kapitals mehr und mehr in Frage stellt, zielt diese Betrachtung insbesondere auf die Frage, wie sich der notwendige Systemwandel friedlich und ohne größere welterschütternde Verwerfungen vollziehen kann. Hierzu ist es zunächst erforderlich, sich vom Urteil über vermeintliche Täter und aus der eigenen vermeintlichen Opferrolle zu befreien. Es mag sein, dass das archaische System der Konkurrenz-gesellschaft seit Jahrhunderten (oder gar Jahrtausenden), wie ein abgeschossener Pfeil gezielt auf den Weg gebracht wurde, um eine materialistische Weltherrschaft zu errichten. Es mag sein, dass das Kalkül einiger weniger Mächtiger die Menschheit durch die Entfremdung von Liebe und Vertrauen, die Förderung von Egoismen und durch künstlich erzeugte Ängste gezielt in Konkurrenzdenken und Neid gebracht hat. Es mag auch sein, dass die ersten globalen Bankiers (Rothschild) Karl Marx beauftragten und dafür bezahlten, „Das Kapital" zu schreiben, um die Massen durch Klassenkampf und gesellschaftlichen Unfrieden besser Sich Selbst entfremden zu können. Es mag sogar sein, dass auch Heute ein nur kleiner Kreis von Eingeweihten die Geschicke der Welt zum eigenen Nutzen im Auftrag einer schwarzmagischen Macht lenkt. Ja, mag sein, dass eine Handvoll Vasallen Luzifers die Fäden zur Lenkung der Welt in Händen halten und Politik und Medien nach Belieben beeinflussen. Es mag also sein, dass an den sogenannten Weltverschwörungstheorien mehr Wahrheit ist, als an den offiziell verbreiteten Nachrichten der Medien. … Dies und vieles mehr mag sein – oder auch nicht.

Wer hat die „Schuld" am Zustand der Welt?

Jedenfalls kann die Suche nach Schuldigen im Außen wieder nur zur Spaltung – anstatt zur Befreiung aus der Manipulation führen. Wenn es darum geht sich aus dem künstlich erzeugten Konkurrenzdenken zur Erkenntnis und Erfahrung ganzheitlichen Seins zu erheben, ist es nicht hilfreich Feindbilder zu entwickeln, da dies wieder nur in die Geteiltheit einer bipolaren Sicht führt. Denn wer richtet und urteilt, hat das Eins-mit-Allem-Sein bereits verlassen. Nein, es hilft nichts, gegen einzelne Personen, Regierungen oder mystische dunkle Kräfte zu kämpfen. Sie sind immer nur wiederkehrende Erscheinungen des Systems, das an sich menschenverachtend und lieblos ist. Mit unserem Hass machen wir sie nur stärker, denn alles, wogegen wir kämpfen, machen wir groß. Stattdessen sollten wir erkennen, dass jeder von uns seine Aktien in diesem Spiel hat: Ob wir durch Billigeinkäufe im Supermarkt den unsäglichen Umgang mit den Tieren dieser Welt bestellen - oder Pestizide und Gentechnik auf den landwirtschaftlichen Feldern in Auftrag geben – oder am Raubbau der Ressourcen der Erde durch die heutige Mobilität von Autos und Flugzeugen teilhaben: Wer kann sich von seiner Teilhabe an der Plastik-, Fastfood-, Mobile- und PC-Müllhalden-Welt der modernen Zivilisation freisprechen? Immer bleibt der Einzelne mit seinen Entscheidungen und deren Auswirkungen verantwortlich für sein Tun.

Wenn sich der Wandel der Erde anstatt aus dem Chaos einer unkontrollierten Zerstörung, durch die Reifung einer erwachten und geeinten Menschheit zu ganzheitlichem Bewusstsein vollzieht, wird Niemand etwas verlieren, sondern Jeder nur gewinnen. Nein, die Überwindung der Trennung und Spaltung im Erkennen des Einsseins der gesamten Menschheit, lässt Niemanden außen vor.

Wenn das unzivilisierte Zinssystem, das den materiellen Wert des Geldes über alle Maßstäbe der Ökonomie, Ökologie und des Lebens setzt, in ein Neues Währungssystem gewandelt wird, das den Nutzen und Wert für Alle zum Maßstab hat, mögen die Vielfachmilliardäre und Reichen der Welt ihren Reichtum und ihre Schaffenskompetenz behalten. Von jetzt an wird ihr Reichtum Verantwortung für das Gemeinwohl sein.

Das Weltmental

Wie der konditionierte persönliche Verstand, der insbesondere durch die Triebfeder des persönlichen Egoismus agiert, so hat auch der globale Mensch, der diesen Planeten bewohnt, einen konditionierten Verstand, der im Allgemeinen durch das Kollektivbewusstsein und die nationalen Egoismen – und im Besonderen von der Machtelite gesteuert wird, die mittels der Regierungen und Medien (noch) die Welt lenken. Sowohl bei der Programmierung des persönlichen Verstandes, als auch bei der Programmierung des Weltverstandes, wurzelt der fatale Irrtum darin, sich von den Anderen und von Gott getrennt zu erleben. Doch in immer mehr Freigeistern und spirituellen Menschen auf dem ganzen Planeten erwacht das „Herzbewusstsein". Sie durchschauen die finsteren Machenschaften, die der Menschheit immer mehr ihre Freiheit nahm und sie unter das Joch des Egos und die Knechtschaft des Materialismus zwang. Sie erkennen, dass es - wie den fremdprogrammierten Verstand des persönlichen Schein-Ichs – genauso darum geht, den arglistigen satanisch konditionierten Verstand der Welt zu transformieren. Denn auch und gerade die Menschheit in ihrer Gesamtheit hat ein unerlöstes „Schattenkind" verdrängten Seins. Beide haben gemeinsam, dass ihr analytischer Verstand sich fälschlich für das wahre Wesen hält. Nicht eher, bis man aufhört „die Schuld" im Außen zu suchen (bei den Juden, Amerikanern, Deutschen – bei Rothschild, Rockefeller, Hitler – beim Antichristen, Luzifer oder Gott...), ist dieses Schattenkind zu befreien.

Nicht eher - als bis der Ursprung dieses Schattens als Folge dieser Schuldzuweisung an und in sich selbst erkannt wird – weil sich das Schein-Ich von Gott getrennt wähnt und deshalb fern der Liebe in Angst lebt, wird sich diese vermeintliche Schuld im Licht der besseren Erkenntnis des zu sich selbst erwachten Menschen als Illusion erweisen und in liebevollster Einswerdung auflösen. Denn wer „die Schuld" im Außen sucht, kann die Befreiung nicht in seinem Inneren finden. Erst dann, wenn der Mensch aufhört sich irrtümlich mit seinem Ego zu identifizieren, kann er aus seinem selbst gewählten Exil der Schuld und Angst in die lichte Gegenwart Gottes zurückkehren.

Auch der Heilungsprozess – die Befreiung aus der Illusion des Sich-getrennt-Erlebens – ist beim persönlichen und globalen Menschenverstand ähnlich.

Während die Entfremdung der Person von sich Selbst ursächlich durch die fälschliche Identifikation mit dem Ego des Schein-Ichs geschieht, ist die Konditionierung des Weltmentals vor allem durch das jahrtausendealte Massenbewusstsein des alten Menschheitstraumas geprägt, das bis auf den heutigen Tag im kollektiven Bewusstsein widerklingt: Die Flucht aus dem lichten Paradies des Eins-mit-Allem-Seins und der Sturz in das Hin- und Hergeworfensein zwischen den Polen der bipolaren Welt.

Die Heilung geschieht im Kleinen wie im Großen durch die Rückkehr aus der Gespaltenheit des Sich-getrennt-Erlebens in die lichte Heimat der all-einen Gegenwart der Liebe Gottes. Die Befreiung aus der Illusion des Getrenntseins wird im freudigen Erkennen geschehen, dass Gott auf ewig untrennbar mit Seiner Schöpfung verbunden ist und Seine Schöpfung mit Ihm. So vollkommen ist Gott mit seinen Kindern vereint, dass Seine Kinder einsam sind ohne Ihn und Er ohne sie. Daraus mag man eine Vorstellung gewinnen, was für eine Freude mit der „Wieder-Eins-Werdung" verbunden sein wird - gleichsam dem Fest zur Rückkehr des „Verlorenen Sohnes".

Der Schmerz des Sich-getrennt-Erlebens ist allerdings genauso eine Illusion wie die Vorstellung einer „Wieder-Eins-Werdung", denn unmöglich könnte Gott jemals wirklich von Seiner Schöpfung getrennt sein – noch Seine Schöpfung von Ihm.

Es liegt in der freien Entscheidung des Menschen, wie lange er den dunklen Umweg des Irrtums gehen will, bevor er sich an das lichte Eins mit Allem Sein erinnern mag. Dies gilt für das kleine Schein-Ich des Individuums wie für das Ego des großen Weltmenschen, der in dieser Weltenstunde nur noch ein trauriger Schatten seines wahren Ichs ist: eine Karikatur des „Neuen Menschen", der einst diesen Planeten bewohnen wird.

Denn der Verwirklichung des „Neuen Menschen" der geeinten Menschheit steht nicht nur das träge Massenbewusstsein der Jahrtausende entgegen, sondern auch ein sehr bewusster Machtverstand, der sich selbst zum Gott aufwirft. Es ist der luziferische Eigenwille des Sich-bewusst-von-Gott-getrennt-Erleben-Wollens. Das ist ein krankhafter, egoistischer Verstand, der seinen Mangel an Liebe mit Ersatzbefriedigung durch Macht und Besitz kompensieren – und die Welt beherrschen will.

Die Folge dessen, was in dieser Weltenstunde gerade geschieht, ist das, was die Menschheit in ständig wachsender Auswirkung als Minderung der Qualität des Lebens erlebt: Die freie Seele wird geknechtet, indem sie geängstigt wird, damit sie den Frieden der Gegenwart der Liebe nicht in sich finde. Die Menschen werden sich selbst immer mehr gezielt entfremdet, um sie nach Belieben lenken zu können. Die Menschen dienen dem Geld, durch das die Mächtigen dieser Welt sie kontrollieren. Es ist nur eine kleine elitäre Gruppe, die im dunkelsten Bewusstsein – ohne Liebelicht – mit einem übermäßigen Bedürfnis an Ersatzbefriedigung durch Macht und Kontrolle die Welt regiert (so wie ihr Verstand von einer noch dunkleren Macht kontrolliert wird).

Doch in sich ruhende, sich selbst bewusste, freie Wesen lassen sich nicht dazu bewegen den Interessen der Finsternis zu dienen. Sie sind im Vertrauen auf die Gegenwart der Liebe im Licht und für die Verführungen des Egos immun.

Der Glaube an den Weltuntergang

Was nun den Glauben an die luziferische Lenkung der Welt mittels einer „Illuminaten-Pyramiden-Hierarchie" angeht, so treffen sich hier die Anhänger der Verschwörungstheorien mit den Gläubigen der verschiedenen Weltreligionen, denn gleich ob Judentum, Islam oder Christentum – die Erwartung des Endes der Welt durch einen Dritten Weltkrieg eint sie. Der „Antichrist" (das gegengöttliche Egobewusstsein) erlange die Weltherrschaft, bevor es zum großen Crash komme.

An diese Deutung ihrer Heiligen Schriften glauben etwa viermilliarden Menschen. Das ist eine Gedankenmacht, die auf die Erfüllung dieser Horrorvision für alles Leben auf der Erde drängt. Doch wenn zwar diese Erwartungshaltung von milliarden von Menschen eine wirkende Kraft ist, die die Verwirklichung dieser Ereignisse durch ihr Herbeisehnen als Sichselbsterfüllende Prophezeiung fördert – gibt es im besseren Erkennen keine Zwanghaftigkeit zur Erfüllung dieses Weltuntergangs-Glaubens.

Die alten Prophezeiungen sind auf zweierlei Weise zu deuten: Es gibt mindestens zwei Möglichkeiten für die Zukunft der Menschheit und der Erde – und die Entscheidung darüber, welche von ihnen Wirklichkeit wird, liegt in *unserer* freien Entscheidung. Wir haben es in den Händen einig aufzubauen oder gewaltsam zu zerstören.

Jetzt ist es an der Zeit, dass wir uns vertrauensvoll mit der Quelle allen Seins in uns selbst verbinden und die Herabkunft des Erlösers in der allgegenwärtigen Kraft des Heiligen Geistes - nicht mystisch „auf weißem Pferd aus den Himmeln" – sondern lebendig, als Erwachen des göttlichen Bewusstseins des Christusgeistes in uns Selber, erwarten. Tatsächlich gibt es Nichts außerhalb von Gott – und wenn der urgeschaffene Geist Luzifer in der Absicht, sich über Gott zu erheben, seine alten Weltherrschaftspläne noch immer nicht aufgegeben haben sollte, so soll uns die göttliche Zulassung dieses Strebens ganz beruhigt sein lassen, da dem „Gefallenen Engel" dies zweifellos nur aus Gründen der Erhaltung seines Freien Willens gestattet wird. Nichts aber bindet uns an dessen finstere Pläne, da wir die Göttlichkeit unseres wahren Wesens doch soviel einfacher mit Gott – als gegen Ihn – verwirklichen können.

Die „Antichristliche Weltherrschaft"
Die erwartete „Weltherrschaft des Antichristen", die kriegerische Zerstörung der Welt und die anschließende Errichtung des Friedensreiches durch einen Erlöser, den die Einen Messias, die Anderen den 12. Imam, Saoshant oder Jesus nennen, ist eine Interpretation jahrtausende alter Texte, die in Analogien symbolhaft möglicherweise von ganz anderen Entwicklungen sprechen, die mehr im Prozess des Erwachens des Individuums zu suchen sind als im Ende der Welt. Die Analogien der Propheten lassen sich auch anders deuten:
Schaut hin und erkennt im Licht der Höheren Wirklichkeit, dass der seit Jahrhunderten vorbereitete Weltherrschaftsplan – die totale Kontrolle und vollkommene Unterdrückung des Gläsernen Menschen, die jener kranke Verstand eines totalen Egowahns in seinem Dünkel plante – bereits jetzt schon Wirklichkeit ist.
Weil die Erkenntnisfähigkeit eines Verstandes, der nichts von Liebe weiß, sehr eingeschränkt ist, sucht er Kompensation durch materiellen Besitz und Macht. Mit der Kontrolle des Geldes kontrollieren die Mächtigen die Politik und Medien – und damit die gesellschaftlichen Entwicklungen dieser Welt.
Schon seit der Zeit der „Aufklärung" wurden die Menschen bewusst in eine beispiellose Sich-selbst-Entfremdung und

Veräußerlichung ihres Bewusstseins geführt, dass sie ihr Herz vergaßen und zum willenlosen Spielball der Mächtigen wurden.
Auf diese Weise manipuliert die Machtelite in ihrer Selbst-Entfremdung die Menschen und tut ihr Möglichstes die Massen im Irrtum gefangen zu halten. Nur eine kleine Machtelite zieht in den Konzernen, Zentralbanken und hinter den Kulissen der Parlamente als „Global Player" die Fäden (tatsächlich „spielen" sie mit der Erde, die sie hemmungslos ausbeuten).
Zugunsten der Profite der Erdöl- und Energie-Konzerne wurden in kürzester Zeit die in milliarden Jahren gewachsenen Energie-Ressourcen der Erde in die Atmosphäre gejagt. Milliarden Menschen müssen ihre Lebenszeit für fremdbestimmte Arbeit verkaufen, werden für die Profite der Pharmakonzerne medikamenten-abhängig gemacht. Nachdem bereits alle Rohstoffe kontrolliert werden, soll nun auch noch das Trinkwasser zum Profit- und Machtmittel - und wenn es ginge, auch noch die Luft zum Atmen - besteuert werden.
Immer noch wusste man in diesen Zirkeln der Macht bessere Ideen für ein friedliches Sein zu behindern, (indem man beispielsweise die Freie Energie für Alle sabotierte, wie sie in Erfindungen von Viktor Schauberger, Nikola Tesla und anderen konzipiert und entwickelt wurde). Andere Möglichkeiten einer ökologischeren, umwelt- und menschenfreundlicheren Lebensverwirklichung, die sich immer wieder boten, wurden gekauft, bekämpft und zerstört, um die Macht und Kontrolle des Egos zu erhalten.
Nicht, dass die Unwirklichkeit des antichristlichen Wahns der Erhebung über Gott im Entferntesten irgendeinen Einfluss auf die Wirklichkeit Gottes hätte. Nicht, dass Gott all dieses nicht von Anbeginn vorausgesehen hätte oder irgendetwas Ihn in Seinem vollkommenen Frieden beunruhigen könnte. Auch wenn Er den geliebten Wesen Seiner Schöpfung bedingungslos die freie Entscheidung überlässt, wie lange sie noch in der Nacht ihrer Gottferne verbleiben wollen, weiß Er doch von Ewigkeit an, dass sich Nichts wirklich außerhalb Seiner göttlichen Ordnung stellen kann. In Liebe ist Er immer bereit, jedes Seiner Kinder in Freuden zu empfangen, das sich zur Umkehr entschließt. Denn Seine Wahrnehmung von uns unterliegt nicht unserer Begrenztheit von Raum und Zeit. Er sieht uns in der Vollkommenheit, in der Er uns schuf und die wir aufgrund unseres ererbten göttlichen Wesens für ewig bei Ihm haben.

Die einzige Möglichkeit also - den finalen Showdown zu verhindern, der im Plan des luziferischen Antichristen beschlossen ist, weil er lieber die ganze Welt in Brand setzt, als sich der Wahrheit und Liebe Gottes zu unterwerfen - ist das Erwachen der Menschheit Hier und Jetzt.

Das Erwachen des Christusgeistes

Da die Weltherrschaft des Antichristen bereits jetzt real ist, dürfen die Gläubigen der verschiedenen Religionen bereits jetzt auch die „Wiederkunft Christi" (oder wie der erwartete Erlöser in den anderen Religionen genannt wird: „Messias", „Mahdi", „Saoshyant", „Kalki" oder „Buddha Matreya" ...) erwarten. Nur wird der erwartete Christus wohl kaum in Gestalt des historischen Jesus aus den Wolken herabgeschwebt kommen, wie die christlichen Anhänger einer wörtlichen Auslegung ihrer Heiligen Schriften glauben, sondern vielmehr ist dies die „Wiederkunft des Herrn":

Das Erwachen des Christusgeistes im Menschen.

Dieser Erlöser kommt auch nicht als Richter - „zu richten die Lebendigen und die Toten", wie die institutionalisierten Kirchen die Gläubigen seit 1700 Jahren Glauben machen wollen, um sie durch Angst zu Ablasszahlungen zu bewegen, sondern – und das bestätigt die lebendige Erfahrung Aller, in denen der Christusgeist bereits erwacht ist, als „Aufrichter" des Gefallenen und „Errichter" des Friedensreiches im Herzen jedes Einzelnen und schließlich auch auf der Erde. Diese „Herabkunft" des göttlichen Liebegeistes in das Herz des Menschen hat bereits begonnen und findet *jetzt* statt. Überall in allen Kulturen erwachen Einzelne, weil sie der Geist der Wahrheit weckt.
Es liegt an uns zurückzukehren, denn das Gefängnis der Isolation des bipolar gespaltenen Bewusstseins, das der Mensch freiwillig erwählt hat, kann der Mensch auch nur freiwillig verlassen. Sobald wir bereit sind, dem inneren Ruf der Liebe unseres Herzens zu folgen, schenkt sich uns zur Stärkung und Wegweisung dieser Heilige Geist. Es liegt in unserer freien Entscheidung, uns selbst und die Erde friedlich in der Kraft dieses Geistes des Heiles umzuwandeln, denn aufgrund unseres göttlichen Wesens sind wir nicht nur die Programmierer unseres

eigenen Verstandes, sondern auch die Schöpfer unserer eigenen Welt. Der Friede und die Freude der Gegenwart Gottes ist in der Liebe unserer Herzen allezeit mit uns im Hier und Jetzt! Hier und Jetzt – im Einsseins unserer Seelen mit der Liebe Gottes - ist uns nun nichts mehr unmöglich. Unsere Liebe öffnet unser Herz und macht es weit wie das All.
Allein durch diese Revolution im Herzen des Einzelnen, der sich als ewig und untrennbar verbunden mit Allem in seiner Göttlichkeit erkennt, kann - anstatt eines vernichtenden Dritten Weltkrieges – das Friedensreich auf Erden Wirklichkeit werden. Dieser Frieden im Herzen des Einzelnen ist für immer bleibend, was immer in der Welt geschieht.

> *„Dies ist die Zeit, in der du es tust. Dies ist die Zeit, in der du dich erinnerst, da die uralte Melodie für dich spielt. Dies ist die Zeit, in der die unbeschreibliche Freude der Erkenntnis deiner Ewigkeit durch deinen Geist blitzt."* (Ein Kurs in Wundern)

Das Experiment des bipolaren Denkens war eine unzivilisierte Entwicklungsstufe, deren Zeit nun zu Ende geht, denn jetzt ist die Zeit zur Transformation des Verstandesmenschen zum sich vollkommen selbstbewussten „Herzmenschen" gekommen. Die neue Erkenntnis eines höherdimensionierten Seins ist das herzgeführte Erleben des ganzheitlichen Seins. Nun haben alle Dinge nicht mehr zwei widersprüchliche Seiten, sondern wir verstehen im Eins-mit-Allem-Sein einander aus unserer Mitte heraus – direkt von Herz zu Herz. Keine bipolaren Streitereien mehr darum, wer verkehrt ist und wer Recht hat, weil wir die Pole als gegenseitige Bedingtheiten und die Perspektiven der Anderen als Erweiterung unserer Sicht erkennen. In der Gegenwart der Liebe Gottes - jederzeit fühl- und erkennbar in uns – halten wir nun nicht mehr die Illusion einer Verstandesgaukelei für wirklich, sondern befinden uns im Einklang mit der Wahrheit im Hier und Jetzt.
Nicht das, was die manipulativen Konditionierungen einer konditionierten Gesellschaft uns glauben machen wollten, dass das Leben Kampf sei oder der Sinn darin bestände, materielle Güter anzuhäufen, erkennen wir nun immer deutlicher, dass es wertere Werte gibt, als man uns suggerierte. Anstatt länger an vergängliche „Schein-Werte" zu glauben, die uns nicht wirklich

sättigen konnten – erleben wir nun den unerschöpflichen Reichtum des Lebens. Wir erkennen, dass es nicht um das Haben von etwas – sondern um das wahrhaftige Sein in Liebe geht. In dieser höheren Wirklichkeit gibt es keinen Mangel. Hier gibt es Licht, Freude und Alles, dessen der Mensch bedarf, für Jeden und Alle mehr als genug.

Das Ende der Parteien
Das politische System von „Rechts und Links" ist gestrig und den Herausforderungen des 21. Jahrhunderts nicht mehr angemessen. Ganz abgesehen von der Relativität von Links und Rechts (dreht man sich um 180° – ist dort, wo eben noch rechts war – jetzt links), hat diese Bezeichnung für politische Standpunkte, (deren Definition auf die Sitzverteilung in der französischen Nationalversammlung von 1789 zurückgeht), keine Relevanz mehr in einem gesellschaftlichen Dialog, in dem es nicht mehr um egoistische Machtinteressen bestimmter Interessensgruppen, sondern um das Gemeinwohl und die Verwirklichung immaterieller Werte geht.
Ebenso veraltet ist der bipolare Ansatz zweier gegensätzlicher Pole, die in ständigem Widerstreit um die Vorherrschaft kämpfen. Das darauf aufbauende dualistische Parteiensystem ist ein unzivilisiertes Relikt einer uneinigen Gesellschaft, das die Trennung und Spaltung manifestiert.
Die Parteilichkeit der Parteien (Part = Teil), die schon per Definition immer nur die Interessen einer bestimmten Klientel verfolgt, entspricht veralteten Denkmustern, die zur Bewältigung anstehender politischer Probleme nicht mehr taugen. Es sind „Sandkastenspiele" einer egoistischen Konkurrenzgesellschaft, die nicht dem Gemeinwohl, sondern nur den Interessen bestimmter Gruppen dienen. Im Licht eines ganzheitlichen Schauens, zu dem immer mehr Menschen erwachen, wird deutlich, dass sich die Gesellschaft diese Art des partikulären Machtstrebens nicht mehr leisten kann. Wären die gesellschaftlichen Auswirkungen nicht so fatal, könnte man über die „Wahlkämpfe" um die Verteilung des „Kuchens der Macht" lachen, mit welchen Tricks und Lügen die eine Partei Vorteile vor der anderen zu erreichen sucht. Denn in Wirklichkeit regieren sowieso nicht die gewählten Parteien, sondern die Lobbys der mächtigen Konzerne, deren Interessen

ganz eigentlich von den parteilichen „Interessenvertretern" wahrgenommen werden. Auf diese Weise verkam die Demokratie (als seinsollende Herrschaft des Volkes) zur heimlichen Diktatur des Kapitals. Denn zur Machtgewinnung beugen sich die Parteien den Mächtigen, die in einer materialistischen Gesellschaft immer (egal welche Partei an der Macht ist) die globalen Finanzlenker sind.

Dass sich die Parteien wohlklingende Adjektive wie „sozial", „frei", „christlich" auf die Fahnen schreiben, ist eine Farce. Ähnlich wie bei George Orwells „Neusprache" in seinem Roman „1984" bedeuten die Worte oft gerade das Gegenteil von dem, was sie auszusagen scheinen. Das dualistische Parteiensystem impliziert eben die Gespaltenheit des bipolaren Denkens, wo jede Aussage gleichzeitig ihr Gegenteil bedeutet.

Auch das „politische Farbspektrum" von schwarz, rot, gelb und grün hat nicht wirklich Sinn, sondern ist willkürlich. Das Farbspektrum der politischen Orientierung der Zukunft wird die sieben Farben des Regenbogens in ihrer Ganzheitlichkeit umfassen – das heißt in den milliarden Farbnuancen freier, selbstverantwortlicher Persönlichkeiten.

Das zu überwindende Parteiensystem widerstreitender partieller Interessen bestimmter Gruppen (Arbeiter, Unternehmer …) wird uns in der Rückerinnerung archaisch vorkommen, denn in der zukünftigen Gesellschaft wird jeder zugleich als Bürger und Politiker verantwortlich sein.

Die zukünftige politische Ordnung wird sich aus dem Denkmodell der Zweiheit zur Erkenntnis und Verwirklichung der Einheit erheben, indem immer mehr Menschen bewusst wird, dass wir alle untrennbar verbunden sind – Jeder mit Jedem. Daraus folgt: Wer einem Anderen Schlechtes zufügt, fügt sich selber Schlechtes zu. Wer Anderen Gutes tut, tut sich selber Gutes. Das ist das kosmische Gesetz von Ursache und Wirkung (Karma) - und das überkosmische Gebot der Liebe. Das wirkliche Verstehen dieser Zusammenhänge wird das Erwachen der Menschheit bewirken und den geschundenen Planeten Erde in kurzer Zeit in den blühenden „Garten Eden" verwandeln, weil Jeder danach streben wird bestmöglich dem Gemeinsamen zu dienen.

Die Gesellschaft der Zukunft ist nicht mehr materialistisch – sondern ganzheitlich orientiert. Ihre Werte zielen sowohl auf das Gemeinwohl der gesamten Menschheit und aller Kreatur auf Erden, als auch auf die bestmögliche Förderung des Individuums zur freien Entfaltung seiner Einzigartigkeit. Denn es leuchtet ja ein, dass jeder dem Ganzen am Nützlichsten ist, wenn er seine besonderen Talente und Fähigkeiten bestmöglich verwirklichen kann. (Dies ist freilich ein anderer Ansatz, als das Individuum zu konditionieren, wie man es haben will – anstatt es so zu nehmen wie es ist).

Die Parole „Freiheit, Gleichheit und Brüderlichkeit", die von der Französischen Revolution ausging, prägte unsere politischen Weltbilder der vergangenen Jahrhunderte: In Amerika und Teilen Europas wurde versucht, das Prinzip der Freiheit zu verwirklichen – mit der Auswirkung eines völlig ungerechten Wirtschaftssystems – und in Russland und China probierte man das Prinzip der Gleichheit – mit der Auswirkung eines völlig ungerechten Unterdrückungssystems. Freiheit und Gleichheit erwiesen sich als zwei Pole: je mehr Freiheit – umso weniger Gleichheit; je mehr Gleichheit – umso weniger Freiheit. Das Einzige, was bis Heute noch nicht verwirklicht wurde, ist das Prinzip der „Brüderlichkeit". Dafür ist es jetzt an der Zeit: die Welt nicht länger als Ort ständigen Widerstreits der Pole zu erleben, sondern aus der Perspektive des Eins mit Allem Seins zur allgemeinen Freude zu erkennen, dass wir in vollkommener Ergänzung wechselwirkend miteinander verbunden sind.

Das Ende des politischen Systems

Dies Manifest ist kein Gegenentwurf zum (noch) bestehenden politischen Parteiensystem. Es stellt auch keine Alternative zu diesem System dar, sondern fordert vielmehr dessen völlige und ersatzlose Auflösung. Die wahrhaft zivilisierte Menschheit überwindet das Machtsystem politischer Interessengruppen und nationaler Egos. Es geht nicht mehr um die Vorherrschaft bestimmter Staaten – sondern um die Interessen der gesamten Menschheitskultur und allen Lebens auf Erden: „Die vereinigte Menschheit der Welt".

Es ist EIN Mensch, der diesen Planeten bewohnt. Doch er ist sehr krank: die Zellen seines Körpers bekämpfen einander. Seine Organe führen Krieg. Das ist der Krebs, an dem der Mensch leidet – und mit ihm die ganze Kreatur.

Das gestrige, destruktive Modell der Konkurrenz-Gesellschaft taugt nicht mehr für die gesellschaftliche Entwicklung der

126

Menschheit im Dritten Jahrtausend. Es kann nicht darum gehen das bestehende politische System von „Rechts" und „Links" durch ein anderes System zu ersetzen. Systeme sind immer Verstandeskonzepte. Hier ist etwas gefordert, das über den Verstand hinausgeht. Es gibt auch keine Kurskorrekturen, Reformen oder Modifikationen, die dieses System der Unzivilisiertheit grundlegend zum Wohle aller zivilisieren könnten. Nur ein wirklicher Quantensprung des Bewusstseins kann für den Einzelnen und für alles Leben auf diesem Planeten Heilung bewirken. Es gilt miteinander eine völlig neue Art des zwischenmenschlichen Umgangs zu finden. Deshalb ist es aus der Perspektive der Ganzheitlichkeit erforderlich, die erstarrten Strukturen aufzulösen und Bewusstseinsprozesse in Gang zu setzen, die geeignet sind den gegenwärtigen Problemen verantwortlich entgegen zu treten. Denn die Menschheit ist keine „Gesellschaft mit beschränkter Haftung", sondern voll verantwortlich für ihr Tun. Wenn es eine Chance gibt, das Steuer des scheinbar führerlosen Wagens, der auf den Abgrund zurast, herumzureißen, dann Jetzt. Jetzt ist es an der Zeit das verkrustete politische System zu überwinden, das zwangsläufig nur zur Zerstörung führen kann. Dies bezieht sich nicht nur auf die persönliche und gesellschaftliche Erziehung zu Egoismus und Eigennutz durch das politische System von Macht und Kontrolle, sondern insbesondere auch auf die Problematik der Umweltzerstörung und Vernichtung der Artenvielfalt durch das wirklichkeitsabgehobene und ungerechte Weltwirtschafts-System der Diktatur des Kapitals.

Es gibt einen Weg aus dieser systematischen Wahnhaftigkeit heraus, die den Menschen immer nur mehr sich Selbst entfremdete. Diese „Schein-Wirklichkeit", die ihn soweit in die Veräußerlichung seines Bewusstseins trieb, dass er zumeist nichts mehr von seinem seelischen und geistigen Wesen weiß, sondern sich für seine vergängliche Körperhülle und seinen fremdprogrammierten Verstand hält, kann überwunden werden. Auf dem Weg der geistigen Reifung des Menschen ließen sich die der Welt geschlagenen Wunden durch das Erwachen in der höheren Wirklichkeit heilen.

Dies allerdings erfordert die Überwindung persönlicher und nationaler Egoismen. Dann hätte die Verteilung der Ressourcen ausschließlich dem Gemeinwohl zu dienen, anstatt persönlichen oder nationalen Macht- und Profitinteressen. Und dies nicht etwa aufgrund von politischen Verordnungen einer Obrigkeit, sondern vielmehr durch die freiwillige Wahrnehmung der Verantwortlichkeit von jedem Einzelnen.

Das ist keine bloße Theorie. Die größte Hilfe auf diesem Weg ist die Sich Selbst höchstbewusste Kraft, die seit zigmilliarden Jahren die Evolution des Bewusstseins planvoll wirkt – und für die geistige Entwicklung des Mentals auf Erden weit erleuchtetere Entwicklungsstufen bereit hält, als sie derzeit noch von der heutigen Menschheit repräsentiert wird.

Das Leben im Einklang mit den universellen Prinzipien der Liebe - in dem Jeder für Jeden nur das Beste sucht - wird die Menschheit in ein neues „Goldenes Zeitalter" führen.

Hier taugen die ganzheitlichen Ansätze der Universellen Harmonik, die im Einklang von gottgegebener Weisheit und modernster wissenschaftlicher Erkenntnis stehen, das politische Trugbild der vergangenen Jahrhunderte zugunsten einer gesellschaftlichen Entwicklung zu korrigieren, die nicht mehr einem illusorischen Schein huldigt, sondern im Einklang mit der (Höheren) Wirklichkeit zur Freude wahrhaften Seins führt.

Der Übergang

Es wird uns schmerzen zu sehen, wie wir mit der Natur und dem Leben auf der Erde umgegangen sind, als wir uns noch von unserem programmierten Verstand regieren ließen, der vom wirklichen Leben und der Liebe leider zu wenig – oder gar nichts verstand. Nun ist es an der Zeit, das Steuer des lecken Schiffs Erde in die Hände zu nehmen, um es in eine kooperativere und friedlichere Zukunft zu manövrieren.

Noch allzeit überließ es Gott dem freien Willen seiner Kinder, ihre Welt selber zu erschaffen (oder auch ihre Hölle).

Jetzt, da wir sehen, dass nur ein globaler Bewusstwerdungs-Prozess die Horrorszenarien verhindern kann, die schon vor tausenden von Jahren von Propheten für das „Ende der Zeit" (= „das Ende der Illusion von Zeit") vorhergesehen wurden, möge uns die Liebe Gottes im Licht der Wahrheit leiten.

Die Propheten und Seher schauten Möglichkeiten, wie sie im Spiel der Kräfte in der Zukunft sich ereignen könnten, wenn der Mensch nicht zu einem höheren Bewusstsein erwachen würde. Sie kleideten ihre Analogien in Worte, die von einem geängstigten Verstand als beängstigend gedeutet werden. Ein liebeerfülltes, angstfreies Herz deutet diese Metaphern jedoch ganz anders: Als Weckruf zum Erwachen!

Immer mehr Menschen erwachen in der Gegenwart. Sie lassen sich nicht mehr von einem fremdgesteuerten Verstand lenken. Sie sind nicht mehr als Arbeitssklaven oder blindes Wahlvieh zu missbrauchen. Sich selbst bewusst gewordene Menschen hören auf - Rädchen im System zu sein – sondern sind Sand im Getriebe. Es knirscht schon – bald steht es still. Wie werden wir die Trümmer des einstürzenden Systems der kapitalistischen Diktatur der Welt balancieren? Die Frage des Übergangs der unzivilisierten in eine wahrhaft zivilisierte Gesellschaft ist die große Herausforderung der Zeit. Wird es gelingen in besserem Erkennen den Umbau friedlich zu gestalten?

An diesem Punkt der Entwicklung wird sich zeigen, ob wir tatsächlich zur Reife der Zivilisiertheit gelangt sind – oder nicht. Wie soll man den Mächtigen „die Macht entziehen" – ohne sich selber mächtig zu machen (und dadurch vielleicht noch liebloser und disharmonischer würde als sie)?! Denn wie gesagt: Das, wogegen wir kämpfen, das machen wir stark.

Das wesentliche Merkmal des Erwachens, jener Quantensprung des Bewusstseins, der aus dem bipolaren Denken in die Ganzheitlichkeit erhebt, ist die Überwindung des Sich getrennt voneinander und von Gott Erlebens. Von hier erwächst uns die Neue Kraft des Neuen Menschen zur Gestaltung der Neuen Erde. Indem wir uns als einzigartig und schon immer von Gott geliebt erkennen, vermögen wir im Licht der Wahrheit EINES Herzens jedes Problem zu lösen. Im Vertrauen auf die Führung des Heiligen Liebegeistes sind wir in der Gegenwart Gottes mächtig, uns vom „Fluch des Massenbewusstseins" zu befreien.

Die „Mächtigen" werden selber zu erkennen haben, dass sie wahres Leben und wirkliche Freude nur in der Liebe finden können. Sie sollen ihre irdischen Schätze behalten! Doch nun wird ihr materieller Reichtum Verantwortung sein.

Schnellstmöglich werden sie ihren materiellen Überfluss freiwillig teilen wollen, weil sie einzig so die Befreiung von der Last dieser Verantwortung erlangen. Nur zu gern werden sie die Scheinwerte ihrer papiernen Währung gegen die wahren Werte lebendiger Freude eintauschen, damit auch sie endlich die Erlösung finden.

PRAKTISCHE WEGWEISUNG INS GLÜCK

Vom ganzheitlichen Wesen

Die Grundproblematik des fremdprogrammierten Verstandes (mit den Folgen einer oft lebenslangen Identitätskrise) ist von vielen Menschen heute – im Unterschied zu früheren Generationen – weithin erkannt. Ebenso die Notwendigkeit aus der fälschlichen Identifizierung mit dem konditionierten „Schein-Ich" zum wahren Selbst zu finden. Hier gibt es inzwischen viele Ansätze, Meditationen und Therapien, die behilflich sind, den Fokus auf das Ich – wie es ist – zu richten und so der frühkindlichen und gesellschaftlichen Verbiegungs-sozialisierung (- die den Menschen so erziehen wollte, wie man ihn haben wollte, anstatt ihn so zu nehmen wie er ist -) entgegen zu wirken. Unzweifelhaft ist dieser Selbstfindungs-prozess eine Notwendigkeit, der von größter Bedeutung für alle Individuen ist (sonst wären sie nicht hier – in der Lebensschule Erde).

Durch die Fremdprogrammierungen von Fremdprogrammierten sich selbst entfremdet, ist immer noch ein riesiges Verdrängungspotenzial zu bewältigen, weil die liebevolle Annahme der Anderen die liebevolle Selbstannahme voraus setzt. Immerhin erkennen die modernen „Befreiungstherapien" inzwischen (anders als manche psychologischen Schulen noch Ende des 20. Jahrhunderts lehrten), dass die Befreiung nicht durch Beschuldigung und Aggressionsentladung gegenüber den „Konditionierern und Fremdprogrammierern" zu erlangen ist. Denn es ist ja einsehbar, dass diese selber – und vielleicht noch viel mehr, als die heutigen Generationen – fremdprogrammiert und somit nicht wirklich schuldig – sondern selber Opfer von Konditionierungen waren, die sich seit zahllosen Generationen in die Tiefen des Unterbewusstseins des Menschen eingegraben haben. Diese psychologischen Befreiungsansätze machten also Schuldige aus, die man zur vermeintlichen Befreiung des Fremdprogrammierten zu bekämpfen riet: zunächst die Eltern, Lehrer, Autoritäten und dann den eigenen Verstand.

Weil dieses „Gehirnwerkzeug" tatsächlich programmierbar ist und in Entfremdung vom wahren Selbst unleugbar die alten Programme abspult, die den Konditionierten in seinen alten Verdrängungen gefangen halten, scheint es auf der Hand zu liegen, dass dieser „Feind des wahren Selbstes" zu überwinden und zu leugnen ist.

Doch Stopp! Niemand sollte gegen Irgendetwas in sich selbst kämpfen! Hier läuft man Gefahr das „Kind mit dem Bade auszuschütten", denn allzu leichtfertig verkennt man die Bedeutung des Verstandes als Teil des ganzheitlichen Wesens. Er ist nicht nur das nützliche Organ des Zählens, Wiegens und Messens, sondern kann – gerade in seiner Programmierbarkeit – von größter Bedeutung für unsere Heilung sein, da wir ihn selbst umprogrammieren können.

Die Macht der Selbstprogrammierung des Verstandes

Der Verstand ist der Mittler zwischen dem Unter- und dem Überbewusstsein. Er ist das Organ, dessen Programmierung im Guten wie im Schlechten für unser Erleben des Lebens ausschlaggebend ist. Die Konditionierung funktioniert derart, dass man die Erwartungen, die mittels des Verstandes zum Ausdruck gebracht werden, vom Universum überreichlich reflektiert und beantwortet bekommt. Programmiert jemand seinen Verstand zum Beispiel mit der Konditionierung - „Das Leben ist Kampf!" – wird er in seinem Leben tatsächlich unentwegt zu kämpfen haben, anstatt es in Frieden und Freuden genießen zu können. Hingegen zeitigt die Selbst-Programmierung des Vertrauens und der Zuversicht: - „Das Leben sorgt für mich; ich habe jederzeit alles, dessen ich bedarf!" – eher die Wirkung eines unbeschwerten Lebens. Die fremd- oder selbstprogrammierte Anschauung des Verstandes hat also großen Einfluss auf unsere Wahrnehmung des Lebens.
In Erahnung dieser Zusammenhänge entwickelte sich die Schule des „Positiven Denkens", indem man vermutete, man müsse dem Verstand eben nur „gute, positive" Inhalte einprogrammieren, um die Negativität der bipolaren Welt zu überwinden. Und tatsächlich schien es Anfangs, als sei dies ein Weg in eine schöne, lichte Welt ohne Schatten. Doch erwies sich schließlich auch dieser Ansatz leider nur als eine etwas anders geartete Form der Verdrängung, die letztlich auch nicht verhindern konnte, dass das Verdrängte letztlich doch – und immer heftiger an die Tür pochte. Auch die affirmative „Schön- und Gesundprogrammierung" konnte nicht verhindern, dass

Krankheit, Leiden und Tod die Protagonisten erinnerten, dass in dieser Welt die Gegensätze Plus und Minus, Gesundheit und Krankheit, Reichtum und Armut untrennbar miteinander verbunden sind und einander bedingen. So einfach ist die Befreiung zu unserem wahren Wesen also wohl nicht zu haben. Da werden wir tiefer schürfen und die Zusammenhänge von Körper, Seele und Geist genauer ergründen müssen, um unser ganzheitliches Wesen zu finden.

Der Mensch ist unfraglich zu einem Leben in Freude, Frieden und Harmonie berufen. Sein Horizont reicht weiter, als die diesirdischen Grenzen der Vergänglichkeit und des Todes scheinen lassen. Er ist befähigt, aus dem unermesslichen Reichtum des Universums zu schöpfen, der alles Leben nährt.

Nur wie? Wie finden wir diese paradiesische Freiheit und Leichtigkeit des Seins, die das Eins mit uns selber und allem zweifellos mit sich bringen wird? Was ist mit unserer Göttlichkeit, die wir als Wahrheit in uns erkennen können, wenn wir doch immer wieder an den Unzulänglichkeiten dieser Welt scheitern müssen?

Sicher ist nicht Gott, der jedes Lebewesen liebevoll aus Seiner Unerschöpflichlichkeit umsorgt, der Urheber des Leides und der Zwielichtigkeit dieser Welt. Jeder schafft sich seine eigene Welt, die der Spiegel seiner Erkenntnis- und Wahrheitsfähigkeit ist. In der Erkenntnis dieser Wirklichkeit hören wir auf, Anderen „die Schuld" für unser Sein zu geben und übernehmen die Selbstverantwortung für unser Leben. Denn wir selber wählten dieses Leben mit all seinen Umständen und Bedingungen, weil es uns den bestmöglichen Raum zum Wachsen zu unserem Selbst gewährt. In diesem Erkennen gewahren wir, dass der Weg unserer Verschüttungen zugleich der Weg zu unserer Befreiung ist.

Der Verstand – als die unterste Sprosse der Bewusstseinsleiter des menschlichen Geistes - ist das Steuerungsinstrument zur Gestaltung unseres Lebens. Der Verstand schläft nie. Als des Menschen Geist ist er sehr machtvoll, und seine Gedanken sind die eigentliche schöpferische Kraft der Selbstverwirklichung.

„Die einzig wirklichen Feinde eines Menschen
sind seine eigenen negativen Gedanken".
(Albert Einstein)

Das Wesen des Lebens

Was ich denke und fühle, das bin ich. Das ist ein Lebensprinzip des Universums.

Jeder sehnt sich nach Vollkommenheit und Glückseligkeit. Doch während der Eine in Freiheit, Frieden und Freude zu leben scheint – reich gesegnet mit Erfolg und allem Reichtum der Welt - fristen andere hier ein unsicheres Dasein in Abhängigkeit und Armut. Zweifellos will das Leben Jeden mit jener vollkommenen Harmonie beschenken, deren Teil wir sind (zumeist ohne es zu ahnen) - und tut es auch. Zumeist allerdings nehmen wir dies nicht wahr, weil wir mit unseren Gedanken nicht im Hier und Jetzt, sondern in unseren selbsterschaffenen Scheinwelten sind. Den Unterschied der Wahrnehmung macht der Grad unserer Bewusstheit aus, diese Gabe erkennen und dankbar annehmen zu können.

Wie kommt es, dass Menschen, die mit allen Schätzen der Welt gesegnet unzufrieden und scheinbar Arme glücklich sind? Wer etwas anderes will, als das was ist, muss unzufrieden sein. Entscheidend ist unsere Erwartungshaltung, ob uns Gelingen oder Misserfolg beschieden ist. Erwarten wir, dass wir von Erfolg zu Erfolg eilen – oder doch nur wieder das Nachsehen haben? Diese Entscheidung hängt einerseits sicher von dem Selbstvertrauen ab, das wir in Kindheitstagen durch erfahrene Liebe aufbauen konnten – oder eben nicht. Zum Anderen aber sind es unsere Selbstprogrammierungen, die uns das Leben als Kampf oder Geschenk erleben lassen.

Dabei stattete das Leben Jeden mit unerschöpflichem inneren und äußeren Reichtum und der Fähigkeit zur erfolgreichen Lebensverwirklichung aus. Wir alle sind zu einem Leben in Gesundheit und Freude berufen (sonst hätten wir diese Sehnsucht nach Glückseligkeit nicht). Doch ob wir diese Gaben abrufen, liegt an uns. Der Eine glaubt daran – der Andere nicht. Der Mensch ist ein göttliches Kind, das – ausgestattet mit allen Energien des Universums – von seinem unermesslichen Reichtum noch nichts weiß. Wüssten wir um die Kräfte unseres Unter- und Überbewusstseins, der Vollkommenheit unseres ganzheitlichen seelischen und geistigen Wesens und der göttlichen Schöpferkraft in uns, die gerade Jetzt das ganze Universum erschafft und wunderbar erhält und nährt, hätten wir eine Vorstellung von der Macht des Bewusstseins, die Jedem von uns innewohnt. Wenn wir lernen, diese verborgene

Kraft zu erschließen, werden wir uns als Meister unseres Schicksals erkennen und endlich in überfließendem inneren und äußeren Reichtum leben.

Das Prinzip von Ursache und Wirkung
Alle Erscheinungen und Umstände unseres Daseins sind Wirkungen unserer Vorstellungen von Wirklichkeit. Was wir denken, das glauben wir. Und was wir glauben, tritt als Wirklichkeit in unser Leben. Unsere Gedanken und unser Glaube sind die mächtigen Triebfedern zur Gestaltung unseres Lebens. Ob uns dies bewusst wird – oder unbewusste Folge frühkindlicher Konditionierung bleibt: die Macht unserer Vorstellung und Erwartungshaltung bestimmt über unseren Misserfolg oder über unser Glück. Glauben wir an einen Sinn des Lebens, wird unser Leben sinnerfüllt sein. Glauben wir an Gesundheit, Erfolg und Reichtum, werden diese Gaben in unser Leben treten. Glauben wir jedoch „auf der Schattenseite des Lebens", ungeliebt und arm zu sein, werden wir diese Erfahrung machen müssen. Beklagen wir uns über die „Ungerechtigkeit der Welt", antwortet das Universum mit der Erfahrung allen Unrechts. Denn was wir aussenden, kehrt verstärkt zu uns zurück. Die Kraft des Universums bedient unsere Glaubensanschauungen als Spiegel und Verstärker. Unsere Gedanken sind die Saat in unserem Lebensgarten – und was wir säen, das ernten wir. Dies macht einmal mehr die Wichtigkeit der Reflexion unseres Denkens deutlich. Hören wir unserem Verstand kritisch zu und hinterfragen seine fortwährenden Äußerungen, werden wir erkennen, aus welcher Ebene seine Anschauungen kommen: ob es ein Wiederkäuen alter Konditionierungen, ein Urteilen aufgrund eigener Verdrängungen, oder ein Gedanke besserer Erkenntnis ist, der im Einklang mit den Gesetzen des Universums im Garten unseres Lebens gute Früchte tragen wird. Diese Technik der Selbsterkenntnis hat nichts mit „Positivem Denken" gemein, sondern basiert auf dem kosmischen Gesetz von Ursache und Wirkung. Wir selbst entscheiden eigenverantwortlich, was wir in unserem Garten pflanzen – ob gute oder schlechte Saat. Wie auch der Volksmund weiß: wir selber sind „unseres Glückes Schmied". Mit unseren Gedanken, Gefühlen und Vorstellungen erschaffen wir selber unsere Welt.

Die Kraft der Verwirklichung

Die universelle Lebenskraft – Chi, Shakti, der „Heilige Geist", oder mit welchen Namen man sie in den unterschiedlichen Kulturen auch immer benennt – urteilt und wertet unsere Gedanken nicht, sondern beantwortet und erfüllt sie – gleich ob sie gut oder schlecht sind. Verstehen wir diese Wechselwirkung, sind wir in der Lage – im Einklang mit dieser Lebenskraft – unser Leben bewusst zu gestalten. Gesundheit, Freude, Harmonie, Erfolg und Wohlstand sind Früchte dieses Einklangs mit jener göttlichen Energie, die sich in ihrem unerschöpflichen Reichtum Jedem schenken möchte. Ihr höchstes Ziel ist es, alles Leben zur Vollkommenheit zu führen, denn die Vollkommenheit ist ihr Wesen. Wenn nicht Unwissenheit um unser wahres Sein und Misstrauen in unsere Gedankenkraft das Licht zur Finsternis – den unstörbaren Frieden in unserem Herzen zur rastlosen Unruhe – und das Vertrauen in das Getragen- und Geborgensein zu Furcht und Zweifel machen, werden wir die Macht des Liebebewusstseins in unserem Leben erfahren. Im Erkennen der Gegenwart dieser göttlichen Lebenskraft in uns selbst, verstehen wir, dass alles Leid der Welt nur die Folge unserer Angst und unseres Aberglaubens ist. Das Leben selbst war schon immer vollkommen – ist es jetzt – und wird es immer sein. In jedem Augenblick belebt die Kraft des Lebens unsere Körper – ob wir schlafen oder wachen. Sie lässt unsere Herzen schlagen, die Organe funktionieren und bewirkt – in uns völlig unbewussten Vorgängen – die Zell-Erneuerungs-Prozesse der Regeneration.

Doch wenn die Lebenskraft des Heiles unsere Körper auch in vollkommener Gesundheit gestalten möchte, sind es unsere fälschlichen Vorstellungen von uns selbst und unsere hindernden Erwartungen vom Altern und Sterben, die sich immer wieder als Fehler des Bauplans in unsere DNA einschreiben. Weil die Lebenskraft unseren Willen absolut respektiert, den wir bewusst oder unbewusst in unseren Gedanken und durch unsere Glaubenssätze formulieren, wird sie uns in unseren Vorstellungen nicht korrigieren, sondern uns absolut in unseren Erwartungen bedienen. Deshalb ist die Reflektion unserer Gedanken die Voraussetzung für eine bewusste Lebensgestaltung. Denn die Kraft des Lebens, die uns alle belebt und erhält, überprüft und verbessert unsere

Selbstanschauungen nicht, sondern verwirklicht sie in Resonanz der ausgesendeten Schwingungen.

Der Mensch ist einem Sender vergleichbar, der unentwegt Gedankenimpulse ins All sendet. Und der Mensch ist gleichsam ein Empfänger, der das Echo seiner Gedankensignale verstärkt empfängt. Auf diese Weise – durch die Wirksamwerdung seiner Glaubensüberzeugungen und Selbstvorstellungen – spiegelt das Universum dem Menschen den Stand seiner Bewusstwerdung, damit er durch besseres Erkennen zur Vollkommenheit reift.

Die schöpferische Verwirklichungskraft ist jederzeit bereit, Gesundheit, Freude eines harmonischen Lebens und Reichtum zu schenken – wenn dies nicht im Widerspruch zum seelischen Reifeprozess des Menschen steht – denn es ist das göttliche Wesen des Liebegeistes, jedes Wesen im unendlichen Schöpfungsraum zu beleben, zu ernähren und zur Erinnerung seiner Göttlichkeit zu führen. Es liegt allerdings an uns – in der Erprobung unseres Freien Willens hier in dieser Erdenschule – was wir mittels unserer Glaubenssätze und Gedanken beim Universum in Auftrag geben.

Ist jemand nicht vom Erfolg seines Vorhabens überzeugt, kann es nicht gelingen. Ist jemand zwar vom Gelingen seines Planes überzeugt, dieser aber nicht im Einklang mit den geistigen Gesetzen eines ethischen Handelns, dann wird dieser Plan zwar möglicherweise gelingen – dem Planenden aber keine Freude bereiten, denn jeder trägt die karmische Verantwortung für sein Tun. Wenn ein Vorhaben von Jemandem für ihn und andere nützlich ist und Niemandem schadet, wird es erfolgreich sein und ohne Reue.

Selbstverantwortung

Um dieses harmonische und glückselige Leben tatsächlich zu erlangen, hat sich der Mensch zunächst von den Suggestionen Anderer und seinen Autosuggestionen zu befreien, die seinen Glauben an sich Selbst untergraben. Unbedachte Äußerungen von Eltern oder Lehrern, die uns schon als Kinder prägten, gilt es zu hinterfragen. Mit Sprüchen wie: „Das hat noch nie funktioniert." oder „Die Welt ist schlecht." – schaffen sie sich ihre eigenen Gefängnisse. Es bedarf unserer Aufmerksamkeit, dass solch destruktive Saat nicht in unserem Lebensgarten

wuchert. „Du kannst nicht gegen den Strom schwimmen!“ –
doch, Du musst es sogar, willst Du zu Dir selbst finden.
Um wirklich frei und Diejenigen zu sein, die wir – jenseits des
trägen Massenbewusstseins und der Meinung Anderer – schon
immer waren und sind, bedarf es der Prüfung jedes Gedankens
– ob wir ihn hereinlassen und annehmen wollen – oder nicht.
Denn viele meinen besser als wir zu wissen, wie es in unserem
Garten auszuschauen hat. Sie bieten freundlich die Dienste
ihres Rasenmähers an. Nein, lass sie in Deinem Garten
wachsen – die Blumen der Fantasie! Erkenne, dass niemand als
Du allein der Gärtner des Gartens Deines Lebens bist. Jeder ist
verantwortlich für sich selbst – und nur für sich selbst. Wer
seine Selbstverantwortung abgibt, wird zum Opfer und Spielball
fremder Meinungen. Dann macht man die äußeren Umstände,
die Politik, die Mächtigen, das Schicksal dafür verantwortlich,
dass es einem „so schlecht“ geht. Auf diese Weise „muss“ es
einem schlecht gehen, da ja die Lebenskraft unsere
Erwartungshaltungen bedient. Nein, da hilft keine Schuldzuweisung, sondern nur die Erkenntnis: Das sind wir. Das bin
ich. Ich allein habe die Fähigkeit mein Leben zu gestalten und
mich vom Irrtum zu befreien.
Anstatt den Suggestionen und Frustrationen Anderer in
unserem Leben Raum zu geben, sollten wir vielmehr – um die
Freude der Gegenwart zu empfangen – uns der Führung der
göttlichen Liebe anvertrauen. Wir dürfen getrost und sicher
sein, dass diese Macht, die alles Leben im Universum erschafft,
erhält und liebt, in der Lage und willens ist, uns Gesundheit, ein
Leben in Harmonie und überfließenden Reichtum zu schenken
(wenn wir nur daran glauben und es dankbar annehmen
wollen).

Die Kraft des Glaubens

> „Alles, was ihr bittet in eurem Gebet,
> glaubt nur, dass ihr es empfangt,
> so wird es euch zuteil werden.“
> (Jesus in Markus 11, Vers 24)

Ja, der Dank überhaupt – und im Besonderen der Dank für
etwas, was wir vom Leben erhalten möchten, als hätten wir es

bereits empfangen, ist eine mächtige Kraft der Verwirklichung. Danken für das, worum wir bitten, in der festen Überzeugung, dass wir es bereits empfangen haben, weckt die wahre Kraft des Glaubens, der „Berge versetzt" – und ist eine sichere Technik vom Universum, jeden Wunsch erfüllt zu bekommen. Besser jedoch ist der Dank für das, was ist – im wunschlosen Vertrauen auf die Fürsorge der Liebe Gottes. Dies ist der kürzeste Weg zur Glückserfüllung. Denn während der Wunsch nach Irgendetwas, was wir ersehnen, weil wir es noch nicht haben, immer auch den Mangel und die Vorstellung zum Ausdruck bringt, dass Irgendetwas fehlt, ist der schlichte Dank für das, was ist, Ausdruck der Bedingungslosigkeit und des Seins im Hier und Jetzt. (Ganz abgesehen von der Freude Gottes, dass wir Ihn suchen – und nicht nur die Erfüllung irgendeines Wunsches). „Dank, dass ich immer und ewig alles haben werde, was ich zum Leben brauche." Der Dank, dass es ist, wie es ist, verbindet uns mit der Freude der Gegenwart und der Gegenwart der Freude.

Wenn nun aber Jemand eine Sehnsucht hat, so ist auch das nicht verwerflich. Wir sehnen uns halt nach etwas, von dem wir meinen, dass es uns zum Glück noch fehlt. Der Sehnende darf im Vertrauen sein, dass sich seine Sehnsucht erfüllt – sonst hätte er sie nicht. Denn die Sehnsucht ist die Seelenkraft der Weltgestaltung und die Triebfeder der Verwirklichung.

Doch ist es wirklich wünschenswert, dass sich ein bestimmter Wunsch erfüllt? Es kann durchaus empfehlenswert sein, seine Bitte mit dem Zusatz zu versehen: „Ich lege die Verwirklichung in die Hände der Liebe!" – oder „Dein Wille geschehe!", denn wenn das, was wir uns als erstrebenswert vorstellen und erbitten, nicht mit unserem Seelenplan übereinstimmt, oder wenn die geistige Führung aus ihrer höheren Erkenntnis der bestmöglichen Entwicklung des Individuums einen besseren Weg kennt, oder wenn die Seelenführung sieht, dass die Erfüllung eines Wunsches dem Reifungsprozess des Wesens eher schaden als nützen würde, dann mag die Nichterfüllung einer Bitte sehr hilfreich sein. Dann mögen wir tausendmal danken, als hätten wir das Erwünschte bereits empfangen – oder gebetsmühlenartig Affirmationen rezitieren um zu bekommen, was wir zu erhalten wünschen – wir werden es nicht erlangen. Da heißt es dann, sich im Bewusstsein, dass es sicher einen besseren Weg zur Erfüllung des Erwünschten gibt, der geistigen Führung und dem Plan der Seele anzuvertrauen. Schon bald werden wir sehen und verstehen, wie gut es war, dass sich das Ersehnte nicht erfüllte. Die Verwirklichungskraft des Lebens wird dann andere Wege der Verwirklichung wählen, als unser Verstand es sich vorgestellt hatte.

Auch wenn plötzlich – während wir schon an die planmäßige Verwirklichung des nächsten und übernächsten Schrittes denken – unvorhergesehen eine Kursänderung durch einen Unfall oder ein sonstiges unvorhergesehenes Ereignis eintritt, sollten wir im Vertrauen bleiben, dass dies zu unserem Besten geschieht. Die zutiefst als wahr empfundene Erkenntnis, dass das Leben uns absolut wohlgesonnen ist, eröffnet der Kraft des Heils die Möglichkeit in unserem Leben heilsam wirksam zu werden.

Das Resonanzgesetz

„Wie es in den Wald hineinruft,
so schallt es heraus." (Volksmund)

Wie ein ins Wasser geworfener Stein Ringe zieht, die in immer größeren Kreisen sich bis zum Ufer dehnen, von wo sie zum Ausgangspunkt zurückkehren, so sind unsere Gedanken, Worte und Taten. Sie erzeugen Schwingungskreise im Ätherraum, die sich ausdehnen im All, bevor sie zum Urheber zurückkehren, der vielleicht gar nicht mehr weiß, dass er es war, der diesen Stein dereinst ins Wasser warf. So auch unsere Gedanken: wir ahnen kaum, was sie für weite Kreise ziehen. Ein Gedanke des Neides (kaum erinnert man ihn noch) wirft Wellen auf – immer höher, je weiter sie sich dehnen – und dem Neider zum Hemmnis der Verwirklichung seines Glückes werden. Ein Gedanke der richtet, indem er leichtfertig Urteil über Jemanden spricht, richtet den Richtenden selbst. Das ist das Gesetz der Resonanz. Was Du aussendest, kehrt zu Dir zurück. Dieses Gesetz mache zum Werkzeug Deines Glücks, indem Du allen nach Kräften wohl tust – so werden alle Dir wohl tun.

Die Vorstellung, man sei getrennt von den anderen Lebewesen dieser Erde, ist eine Illusion. Niemals wird hier jemand vollkommen glücklich sein können, solange nicht alle glücklich sind. Deshalb ist der beste Weg zu seinem Glück, das Glück der

Anderen zu suchen, denn was wir säen, das ernten wir. Freue Dich des Glücks der Anderen – so machst Du Dein Glück.

Die Freude des Anderen zu suchen, ist übrigens auch das Geheimnis eines erfüllten Ehelebens oder einer glücklichen Partnerschaft.

Und jene, die scheinbar alles haben, von dem wir glauben, dass es glücklich macht? Kann jemand seinen Hunger nach Freude und Glück mit den Schätzen der Welt stillen? Allzu oft machen sie nur noch hungriger. Wenn irdischer Reichtum – zum Beispiel durch Zinsen – erworben wird, indem die Mittel Anderer gemindert werden, hindert dies den Reichen, seinen Reichtum wirklich genießen zu können. Ein Armer wird hingegen mit Freude am Leben gesegnet sein, wenn er das Wenige, was er hat, mit Dank empfängt. Ein anderer Armer hingegen, der mit Neid auf das vermeintliche Glück der Anderen schielt und sich vom Leben benachteiligt fühlt, kann keine andere Ernte als Benachteiligung erfahren. Also hat das Glück offensichtlich nichts mit materiellen Werten zu tun (auch wenn Viele das Anhäufen irdischer Schätze als Ersatz-Befriedigung betreiben). Nein, der Glückliche leidet keinen Mangel und verfügt zur Verwirklichung von allem, was er will, über alle Schätze der Welt; aber nicht diese sind es, die ihn glücklich machen.

Die Lebensfreude

Jemand, der mit dem Ziel unterwegs ist, das Glück zu suchen, hat es noch nicht gefunden, denn solange er die Erfüllung sucht, hat er sie nicht. Glück ist kein durch Irgendetwas zu erreichendes Ziel – sondern der ureigentliche (vergessene) Zustand unseres Seins. Grundlose Freude ist. Sie ist einfach – ohne dass man über sie als etwas Sonderliches nachdenkt.

Manche Leute sagen aus bestimmter Erfahrung heraus: Die größte Freude sei, Anderen eine Freude zu bereiten. Dies wird für Jemanden, der auf der Suche nach seinem Glück ist, kaum nachvollziehbar sein. Aber es ist wahr: will ich in dieser Welt der Gegensätze Glück haben – ohne dadurch auch ein Unglück in Kauf zu nehmen oder ein Leid in die Welt zu bringen, muss ich ein Leid lindern oder Jemandem eine Freude bereiten, denn nur so schaffe ich ein neues Freudenlicht in dieser Welt, das nicht nur dem Erfreuten – sondern auch mir scheint. Dies ist der Weg zu einer freudvolleren und helleren Welt.

Ist schon kein Schneestern wie ein zweiter, wie viel mehr ist jedes Lebewesen einzigartig?! Glaube im Vertrauen, dass Du etwas Besonderes bist. Lausche im Lärm der Welt auf die leise Stimme Deiner inneren Führung. Sie möchte Dich zu Dir Selbst und zur freudigen Erfüllung Deines Lebens führen. Vertraue dieser Intuition! Sie mag sich Dir als leiser Gedanke oder flüchtiges Bild kundtun. Folge dieser Eingebung zur Entdeckung Deines inneren Reichtums – auch wenn Dir die Verwirklichung Deines Lebenstraums im Augenblick noch so fern und unwahrscheinlich erscheint. Danke jener mystischen Quelle der Eingebung in Dir, die Dir Deine Inspiration schenkt. Sie hat auch die Kraft, diese Inspiration durch Dich zum Heil und zum Segen für Viele zu verwirklichen.

Die Vollendung des Glücks

Manche nennen diese Kraft, die (uns unbewusst) unseren Herzschlag und Atem reguliert: das „Unbewusste" – oder das „Unterbewusste" – oder auch das „Überbewusste", weil man sie nicht näher kennt. Manche nennen diese Kraft, die mächtig genug ist, uns vollkommen und glückselig zu machen, auch: die „Kraft des Lebens", den „Geist des Heiles" – oder Shakti, Chi, Ki, Prana… Wie immer man sie in den Jahrtausenden in den verschiedenen Kulturen benannte: es gibt nur diese Eine Kraft, die das Leben in uns allen wirkt. Diese göttliche Energie des Seins möchte bewusst in unser Leben eingeladen werden. Sie wartet nur darauf – jederzeit bereit – in uns und um uns herum Heil und Segen zu wirken. Sie klopft unentwegt an unsere Herzenstür, um herein gebeten zu werden.

Diese spirituelle Kraft wirkt ebenso planvoll, wie sie uns Nacht für Nacht im Tiefschlaf erneuert, auf unser geistiges Erwachen hin: dass der Mensch aus seiner Umnachtung erwacht und sich als Kind Gottes erkennt. Dann wird er aufhören sich und die Welt als Produkt eines blinden Zufalls zu sehen und beglückt empfinden, immer schon geliebt zu sein.

Der Schleier der Isis: *„Ich bin das All, das Vergangene, Gegenwärtige und Zukünftige. Meinen Schleier hat noch kein Sterblicher gelüftet."* – hebt sich in diesem Augenblick von den Augen des Erwachenden. Jetzt und Hier enthüllt sich ihm der bislang unerkannte Sinn und beginnt das „Neue Leben" des „Neuen Menschen" auf der „Neuen Erde". Dies ist der Zustand vollkommener Glückseligkeit – eines Glücks, das nicht wie bisher als wankelmütiger Gegenpol des Unglücks allzu schnell vergänglich war, sondern – als göttliches Erbe – Freude und Licht des erwachten Herzens für immer ist.

Hier endet die Wegweisung ins Glück. Von jetzt an ist nur noch freudiges Sein. Der Mensch erkennt – in bewusstem Schauen – im Wirken des göttlichen Liebegeistes Gott Selber als Vater, Mutter, Bruder und Geliebten. Mehr als nur „Glück" – ist in der Gegenwart der Liebe im eigenen Herzen nun ein für allemal die Seligkeit der inneren Heimat gefunden.

Im direkten Gespräch mit dem allliebenden Himmlischen Vater, den man liebeströmend als in seinem Herzen wohnend erkennt, öffnen sich freudetrunken die Lippen zum Gebet:

„Bete Du in mir,
Licht und Kraft meines Seins!
Erhebe mich über die Sterne zu Dir
in die Mitte meines Herzens.
Ich bin Leben Deines Lebens,
Licht Deines Lichtes
und Kraft Deiner Kraft,
denn ich bin Dein Kind.

Alles was ich bin und habe, Vater,
bin und habe ich durch Dich.
Nimm mein Nichts und sei mein Alles
– jetzt – in alle Ewigkeit!
Du bist die Freude wahrer Liebe
im Himmel meines Herzens.
Dein Lied, mein Geliebter,
erklingt in allen Räumen.

Dein Licht leuchtet durch mich!
Deine Liebe liebt durch mich,
und Dein Heil macht mich heil,
damit unsere Freude für immer sei.
Lasse mein Herz im Dank,
Eins mit Dir wie Sonnen brennen!
Und lass mich in Deiner Liebekraft
zum Segen auf Erden werden!"

VON DER LIEBE

Was ist Liebe?

Jeder versteht – je nach seiner Liebefähigkeit (oder seinem Liebebedürfnis) – etwas anderes darunter. Mit „Liebe" wird im Sprachgebrauch nicht nur die freiwillige Bindung zwischen zwei Personen oder die emotionale Beziehung zwischen Eltern und Kindern bezeichnet, sondern ebenso „Tierliebe", „Heimat- oder Vaterlandsliebe", wie auch „Vorlieben" für bestimmte Speisen oder Tätigkeiten. Zumeist übersetzt man „Liebe" heutzutage mit Zuneigung. Doch können diese Begrifflichkeiten kaum die Bedeutungstiefe dieses Wortes ausloten.

Das, was man gemeinhin unter „Liebe" versteht, ist nicht nur individuell und kulturell verschieden, sondern wandelt sich auch fortwährend (- obwohl die Liebe an sich doch ewig unwandelbar ist). Während der Begriff „Liebe" beispielsweise in der Epoche der Romantik eher idealisiert und verklärt wurde, ist man heute in Soziologie und Philosophie darum bemüht, den „Liebebegriff" auf rationale Weise zu verstehen. Soziologisch betrachtet man Liebe heutzutage als *„entgrenzendes Gegenmodell zu den Beschränkungen, Anforderungen, Funktionalisierungen und Ökonomisierungen der menschlichen Alltags- und Arbeitswelt"* (Wikipedia).

Das mag zwar stimmen, zeigt aber auch wie sehr der westlich zivilisierte Mensch sich seines Selbstes entfremdet hat, dass er die Liebe für etwas hält, was seiner „sozio-gesellschaftlichen Funktionalität" entgegensteht. Ja, manche soziologischen „Liebeforscher" diagnostizieren die Liebe gar als *„anarchisches, asoziales Lebensgefühl, das im Gegensatz zu Rationalität und Berechenbarkeit eines Menschen"* stände. Auch das ist unleugbar richtig, wenngleich sich hier das Bemühen des Verstandes offenbart, etwas zu definieren von dem er keine Ahnung hat. Immerhin gesteht man ein, dass, wenn Liebe auch *„kein bewusster Entschluss der Liebenden"* sei, man sie deswegen *„nicht als irrational und dem Verstand unzugänglich"* betrachten müsse. Was für ein Glück für die Liebenden, die man ansonsten womöglich wegsperren würde?!

Weder eine übersteigerte Idealisierung, noch die soziologische Reduktion der Liebe auf kommunikative zwischenmenschliche

Interaktionen kann der Bedeutung dieses Gefühls in all seinen scheinbaren Widersprüchlichkeiten gerecht werden.

Über das, was Liebe ist, diskutiert man nicht erst seit den griechischen Philosophen, denn die Liebe und der Tod sind die Hauptthemen der Menschheit, seit der Tod und die Lieblosigkeit in die Welt kam.

> *„Das Wesen der Liebe zu analysieren heißt festzustellen, dass sie heute nur selten erlebt wird; es heißt aber auch, die sozialen Bedingungen zu kritisieren, die dafür verantwortlich sind. Der Glaube an die Möglichkeit der Liebe als ein allgemeines und nicht nur ausnahmsweises individuelles Phänomen ist ein rationaler Glaube, der auf der Einsicht in das Wesen des Menschen beruht."*
> (Erich Fromm)

Die allgemeine Begriffsbestimmung unterscheidet die „empfangende" und die „sich schenkende" Liebe, wie sie zum Beispiel sichtbar wird im Verhältnis eines Kindes zu den Eltern. Die „Liebebedürftigkeit" des Kindes und die sich schenkende „Mutterliebe" bedingen einander. Denn in Wirklichkeit sind die Grenzen zwischen der sich schenkenden und der bedürftigen Liebe fließend: auch das Kind beschenkt die Mutter natürlich und sie bedarf es für ihr eigenes Selbstwertgefühl, ihre Liebe zu schenken. Jeder ist beides: liebebedürftig und in der Lage, Liebe zu schenken. Schon vorgeburtlich ist der noch ungeborene Mensch „liebebedürftig" und wird es Zeit seines irdischen Lebens (– und wohl auch ewig weit darüber hinaus –) bleiben.

> *„Bedürftige Liebe schreit aus unserer Armut zu Gott."*
> (C.S. Lewis)

Die schenkende Liebe hingegen erfordert eine gewisse Reife, die umso größer sein muss, je weniger sie erwidert wird. Im Gegensatz zur gegenseitigen Erfüllung beidseitiger Liebe ist einseitige Liebe für den ungeliebt Liebenden zunächst zumeist mit Leid verbunden, aber letzlich dient ihm diese Erfahrung zum Heil und schließlich zur vollkommenen Erfüllung seiner Liebesehnsucht. Denn geliebt zu werden ist zweifellos eine erhebende Kraft, aber bedingungslos zu lieben ist mehr: göttlich.

Die größte Reife indes erfordert immer noch die „Feindesliebe". Ist eine größere Liebe vorstellbar, als das Leid eines anderen auf sich zu nehmen und für dessen Befreiung das eigene Leben zu geben? Aber in dieser Art der Liebe liegt die größte Befreiung für die Welt, denn sie vermag von jahrtausendealtem Karma zu entbinden und vermeintliche Schuld in Nichts aufzulösen.

Doch es nützt ja nichts über Liebe zu philosophieren. Es wird auch den umfassendsten Definitionen nicht gelingen, den Sinn dieses Wortes erschöpfend zu beschreiben, denn die Liebe lässt sich nur fühlend wahrnehmen und erleben. Sie will in den Tiefen unserer Herzen ergründet und vor allem gelebt sein. Dennoch soll hier der Versuch unternommen werden, die Bedeutung der „Liebe" für die Persönlichkeit des Einzelnen wie für die Gesellschaft im Allgemeinen zu hinterfragen, um uns selbst und die Welt – in unserem Mangel an Zärtlichkeit, Zuwendung und Geborgenheit – besser zu erkennen.

> *„Den Sinn erhält das Leben einzig durch die Liebe.*
> *Das heißt: Je mehr wir lieben*
> *und uns hinzugeben fähig sind,*
> *desto sinnvoller wird unser Leben."*
> (Hermann Hesse)

LIEBE – als Faktor des globalen Wandels

Wie jede der zig Billionen Zellen des menschlichen Körpers eine eigene Energieversorgung, einen eigenen Stoffwechsel, eine eigene Fortpflanzung und ein eigenes Individualbewusstsein hat, so ist jedes menschliche Individuum eine Zelle des einen großen Menschen, der diesen Planeten bewohnt. Jeder ist mit Jedem verbunden und wir alle miteinander. Da es unzweifelhaft so ist, muss deutlich werden, wie krank dieser Mensch der Erde in seiner unbewussten Blindheit ist: die einzelnen Zellen seines Körpers konkurrieren und suchen sich zu übervorteilen und im vermeintlichen „Lebenswettbewerb" einander zu besiegen (nicht anders, als die entarteten Zellen eines Krebs-geschwüres). Die Organe (Staaten) dieses Kollektivmenschen führen gegeneinander Krieg, anstatt friedlich zum Wohle des ganzen Organismus zu wirken.

Wie geht nun diese kranke Gesellschaft mit den gottgeliebten Wesen um? Im Maße, wie man sich selber für schuldig und nicht liebenswert hält, ist man bereit, sich selbst und die Anderen zu strafen. Es täte uns gut zu erkennen, dass, wessen wir die (lieblos fehlgeleiteten) Brüder und Schwestern anklagen, wir in uns selbst verdrängt haben. Weil es in dieser bipolaren Welt keine Gesundheit ohne Krankheit geben kann, muss es Menschen geben, die einen Teil des Schmerzes tragen, damit die Anderen schmerzfrei seien. Und solange diese Welt noch nicht zur Reife der Erkenntnis gelangt ist, dass die Gesetze aller Gerichtbarkeit durch gelebte Liebe überflüssig würden, wird es hier kein Recht ohne Unrecht geben. Deshalb muss es Menschen geben, die gegen die Gesetze verstoßen, damit die anderen sich für rechtschaffen halten dürfen. Doch ist es wirklich ihr Verdienst? Hätten sie, wären sie in der Situation der Gesetzesbrecher oder „Heil Hitler!"-Rufer gewesen, nicht genauso gehandelt?

Jesus sagt, dass die Liebe alle Gebote und Gesetze überflüssig macht. Und auch Aristoteles erkannte:

> *„Wenn auf der Welt die Liebe herrschte,*
> *wären alle Gesetze entbehrlich."*

Ein besseres Erkennen dessen, was „Liebe" ist, ist heute gesellschaftlich unabdingbar, denn zumeist haben wir mangels Erfahrung der Bedeutung dieses Wortes vergessen, was uns eigentlich fehlt. Tatsächlich aber liegt nahe, dass, wenn der Mensch des 21. Jahrhunderts sich nicht des tieferen Sinns dieses Wortes lebendig erinnert, er den selbstprovozierten Herausforderungen der Gegenwart und Zukunft nicht gerecht werden kann. Denn ohne die Liebe, die des Menschen eigentliche und wahre Natur und der Schlüssel zur Erlösung aus seinem Verstandesgefängnis ist, in welches das Liebewesen Mensch – aus welchen Gründen auch immer – mit unabsehbaren Folgen für alle Kreatur geriet, wird es kein Erwachen der Menschheit auf dem Planeten Erde geben.

Wie eine Gesellschaft die Inhalte des Wortes „Liebe" definiert, prägt sie maßgeblich, ob sie liebevoll oder lieblos, sozial oder asozial ist. Die Art des zwischenmenschlichen Umgangs miteinander – die selbst erfahrene oder nicht erfahrene Liebe – bestimmt das Verständnis dieses Wortes, denn die erhaltene Liebe ist das Maß unserer Vertrauensbildung von frühester Kindheit an. Wenn wir die Bedeutung der erhaltenen oder nicht erhaltenen Liebe in unserer eigenen Sozialisation besser verstehen lernen, wird uns die Wichtigkeit zu lieben – für unsere Kinder, die Gesellschaft und die nachfolgenden Generationen – deutlich werden. Denn das Maß der erfahrenen oder nicht erfahrenen Liebe macht den Unterschied, ob wir unser Leben und die Welt als lebens- und liebenswert erkennen – oder nicht.

Der „Individualpsychologie" Alfred Adler stellte fest:

> *„Alle menschlichen Verfehlungen*
> *sind das Ergebnis eines Mangels an Liebe."*

Und Christian Morgenstern meint:

> *„Es müsste ein großer Schmerz*
> *über die Menschen kommen, wenn sie erkennen,*
> *das sie sich nicht so geliebt haben,*
> *wie sie sich hätten lieben können."*

So lasst uns auf die Brust schlagen im Erkennen, dass wir die Lieblosigkeit, die wir erfahren haben, an unsere Kinder und Kindeskinder weitergeben. Und dennoch trifft uns keine Schuld – sowenig unsere Eltern und Ureltern Schuld trifft, die zumeist noch unter härteren Bedingungen und noch größerer Lieblosigkeit aufwachsen mussten. Auch unsere Lehrer und die politischen Lenker unserer Zeit sind durch ihre Erfahrungen von Lieblosigkeit schuldlos zu dem geworden, was sie sind. Wer will den Verkettungen der Umstände durch die Jahrtausende folgen, um die Schuldigen auszumachen – und mit welchem Nutzen für wen? Wir haben einfach zu registrieren: da ist ein Massenbewusstsein, das uns unterbewusst lenkt, das angehäuft ist mit Lieblosigkeiten, Brudermorden, Kriegen, eigennütziger Ausbeutung der Anderen, Aggression, Gewalt und Nötigung, das wir nur durch Eines überwinden können, um frei zu werden: Vergebung in Liebe. Nur dies kann unser überbewusstes Potenzial zur Errettung unseres Selbstes und der Welt wecken: die Liebe.

LIEBE - als Faktor wahrer Menschwerdung

Gibt's irgendwo in der Welt etwas umsonst? „Nur den Tod.",
sagt der Volksmund. Aber hier irrt der Mund des Volkes, der
ansonsten oft so trefflich die Wahrheit spricht. Liebe haben wir
umsonst empfangen (der Eine mehr, der Andere weniger).
Liebe schenken wir umsonst (der Eine mehr, der Andere
weniger).

Doch vieles, was man hier „Liebe" nennt oder dafür hält, ist
nicht wirklich Liebe. Wenn wir zum Beispiel unsere „Liebe" mit
Bedingungen verknüpfen, dann ist es keine Liebe – denn wahre
Liebe ist bedingungslos. Gerade in der immer materialistischer
werdenden Gesellschaft, in der man für alles, was man tut oder
gibt, eine Gegenleistung verlangt, gerät die wahre Liebe immer
mehr in Vergessenheit. Das ist die eigentliche Ursache
zunehmender Entfremdung, Depression, und Angst – und in
Wirklichkeit der wahre Grund für alles Elend dieser Welt.

Zu Lieben verändert die Wahrnehmung völlig. Das gesamte
Erleben wird ein anderes: alles Disharmonische im Leben
schwindet; man nimmt die Welt völlig anders wahr; und die
Welt nimmt einen selber völlig anders wahr, denn wir leuchten
durch der Liebe Kraft. Also wundert Euch nicht, wenn ihr
plötzlich nur noch liebevolle Menschen trefft, denn (und hier
trifft der Volksmund den sprichwörtlichen Nagel auf den Kopf:
„Wie es hineinschallt – so schallt es heraus.") was wir an
Schwingungen ausstrahlen, das kehrt zu uns zurück.

Zu Lieben und Geliebtwerden (der ureigentliche Grund der
Schöpfung) erfüllt das Leben mit Sinn. Ohne Liebe geht der
Mensch ein, wie ein Pflänzchen ohne Wasser und Sonne. Der
Vergleich ist nicht übertrieben, sondern sogar sehr treffend.
Denn tatsächlich ist die Energie der Liebe ein Licht, das es im
Leben eines Menschen – je mehr er liebt und geliebt wird –
umso heller macht. Kinder, die im Dunkel der Lieblosigkeit
aufwachsen müssen, haben ihr Leben lang an den psychischen
Folgen zu tragen, denn in einer lieblosen Umgebung
aufwachsen zu müssen, behindert die Entwicklung des
lebensnotwendigen Urvertrauens, ohne das eine wirkliche
Persönlichkeitsentwicklung kaum möglich ist. Dieses aus Liebe
erwachsende Urvertrauen ist die erste Sprosse der Leiter der
Evolution des Bewusstseins. Wie soll man die höheren Sprossen
zu einer freien, selbstbewussten und individuellen Mensch-

werdung erklimmen, wenn schon diese erste Sprosse des Grundvertrauens zu sich selbst, zur Umwelt und zu Gott fehlt? Tatsächlich leben in der heutigen Zeit die meisten Menschen im Halbdunkel eines Daseins ungenügenden Liebelichtes und dürsten halbvertrocknet nach diesem Wasser des Lebens.
Man versucht sich mit Statussymbolen Ersatzbefriedigung zu verschaffen. Aber aller Luxus der materialistischen Gesellschaft des 21. Jahrhunderts kann nicht wirklich befriedigen. Denn

> *„Der Mensch lebt nicht vom Brot allein."*
> (Matthäus 4,4)

Doch für all die ungeliebten Lieblosen dieser Welt (- denn wie soll man liebefähig sein, wenn man selber die Liebe nicht oder nur unzureichend erfahren hat?) gibt es Hoffnung: Für all jene, die andere nicht lieben können, weil sie sich selber nicht lieben können, gibt es dennoch einen Weg zu einem erfüllten Leben in Liebe. Wer ihn sucht, wird ihn finden. Diese Schrift möchte bei dieser Suche helfen, obwohl nur jeder diesen Weg in sich selbst finden kann. Für Jenen, der diesen Weg in sich Selbst gefunden hat, wird allerdeutlichst klar, dass zu Lieben das Einfachste ist, weil dieses unser eigentliches Wesen und unsere wahre `Natur´ ist. Denn die Liebe ist - als das eigentliche Leben - des Menschen wahres Sein.

Die Fähigkeit zu Lieben

Der konditionierte Verstand stellt wohl die größte Hürde dar, wirklich zur Liebe zu finden, weil er auf seiner Festplatte nicht nur die oft schlechten Vorbilder der partnerschaftlichen Beziehungen der Eltern und des sozialen Umfeldes einer weitgehend lieblosen Gesellschaft – sondern vor allem auch die eigene frühkindlichen Erfahrung des Ungeliebtseins gespeichert hat. Das Grundbedürfnis der Seele nach Liebe wird in dieser materialistischen Welt für die Meisten nicht erfüllt. Dies, wie die gesellschaftliche Erziehung zum Konkurrenzdenken, bläht das Ego, dessen Schaltzentrale der unerleuchtete Verstand ist, zur Kompensation von Minderwertigkeits-Komplexen mit einem unersättlichen Geltungs- und Beherrschungsdrang.
Leiht man nun, anstatt der Stimme des Herzens zu folgen, dem Verstand in Liebesfragen das Ohr, darf man sich nicht wundern,

wenn aus der potenziellen Liebe ein berechnendes `Macht- und Kontrolle-Spiel´ wird. Der Verstand hat zur Kenntnis genommen, was Liebe mit dem Menschen macht – für ihn völlig irrational – denn er analysiert und bewertet nach sachlichen Kriterien und weiß vom menschlichen Lieben und Fühlen kaum mehr als ein Roboter.

Auch und ganz besonders die Schwierigkeit den Partner nicht annehmen und lieben zu können, weil man sich selber nicht annehmen und lieben kann, hat im Verstand ihren ursächlichen Grund. Dieser weiß und versteht (als das mentale Organ des Zählens, Wiegens und Messens) rein gar nichts vom Lieben, weil dafür das Herz zuständig ist.

Desweiteren stellt das kollektive Unterbewusste (oder `Massenbewusstsein´) eine echte Komplikation der Liebefähigkeit dar, weil hier alle zwischengeschlechtlichen Missverständnisse und Vorurteile (die oft genug in der Menschheitsgeschichte begründet waren) gespeichert sind. Zu deren Überwindung ist vor allem das Vertrauen in die Liebe und den Partner erforderlich. Sehen wir den Anderen mit den Augen des Herzens, erkennen wir bald, dass Frauen und Männer gar nicht so gegensätzlich und grundverschieden sind, wie man gemeinhin meint, denn es ist dieselbe Sehnsucht nach Liebeerfüllung, die sie eint.

Überhaupt ist Vertrauen eine wesentliche Voraussetzung für das Liebenkönnen. Jenseits aller logischen Beweisbarkeit ist das Vertrauen der Schlüssel zur bedingungslosen Liebe. Ohne Vertrauen ist jeglicher Glaube hinfällig. Ohne Vertrauen wird sich nur schwerlich jemals wahre Liebe einstellen, sei es zum Partner, zu Gott oder zu sich selbst.

Das Urvertrauen

Das Urvertrauen entwickelt sich laut Entwicklungs-Psychologie in den ersten drei Lebensjahren eines Kindes – ebenso wie im negativen Fall das `Urmisstrauen´. Dieses fehlende Grundvertrauen sei im ganzen ferneren Leben nicht mehr zu kompensieren. Im Unterschied zu dieser psychologischen Entwicklungstheorie, erkennt die ganzheitliche Harmonik einen anderen Ansatz: Wir kommen mit einem gesunden Urvertrauen in die Welt – sonst kämen wir nicht in die Welt. Nun mag es sein, dass – meist schon vorgeburtlich – dieses Urvertrauen und unser seelisches Selbst durch die Umstände, in die wir hineingeboren werden, Schaden nimmt. Dann erleidet die persönliche Identität durch Liebemangel scheinbar unwiederbringliche Vertrauensverluste. Doch im Gegensatz zur entwicklungspsychologischen These gibt es sehr wohl auch für jene Menschen, die durch ihre frühkindlichen Erfahrungen ihr Vertrauen verloren haben, einen Weg zur Kompensation. Jedes Problem ist eine Chance. Und unsere persönliche Problematik ist zugleich unser persönlicher Befreiungsweg.

Von Anbeginn ist uns das Urvertrauen in die Schöpfungswiege unseres Herzens gelegt. Aus ihm entstammen wir und zu ihm werden wir letztlich – trotz allem – zurück finden. Einem Menschen dabei behilflich sein zu dürfen, sein verlorenes Urvertrauen wieder neu zu finden, ist eine der lohnendsten Aufgaben dieser Welt.

In zumindest zwei wesentlichen Lebenssituationen ist ein völliges Vertrauen unabdingbar: Erstens in der Schwangerschaft. Vom Zeugungszeitpunkt bis zur Geburt hat niemand einen äußeren Einfluss auf die gesunde Entwicklung des Kindes. Und das andere Mal im Sterbeprozess, der ebenso unumgehbar ist wie die Geburt. In beiden Fällen bleibt uns nichts, als uns vertrauensvoll in das Schicksal (oder die Hände Gottes) zu begeben. Also steht das Vertrauen am Anfang sowie am Ende eines jeden Lebens. Nicht ohne Grund, denn es ist uns eine Hilfe zur Findung der bedingungslosen Liebe.

Als kleines Kind mussten wir den Eltern vertrauen, dass wir versorgt würden. Viele Kinder werden in diesem Vertrauen enttäuscht. Als Schüler lernten wir, dass nicht jedem Lehrer zu vertrauen ist. Wir wurden `zurechtgebogen´ und hörten auf, wir selbst zu sein, um – wenn schon keine Liebe – so doch wenigstens Anerkennung zu bekommen. Die Gesellschaft fragte uns nicht danach, wer und wie wir sind, sondern sagt uns, wie wir zu sein haben, um von ihr anerkannt zu werden. Auf diese Weise entfremden wir uns uns selbst. Und als Partner stehen wir dann, weil wir uns schließlich selbst nicht mehr vertrauen können, vor den Scherben unserer Beziehung.

Doch ein Blick auf die Natur – der Schöpfung Gottes – zeigt: würde sie nicht vertrauen, würde sie sich nicht erhalten. Trotz aller Eingriffe des `Zauberlehrlings´ Mensch, erneuert sie sich ständig im Vertrauen auf den göttlichen Plan, dass dieser schließlich ihre Vervollkommnung bewirken wird.

Die Liebe-Resonanz

Liebe ist eigentlich kein persönliches Gefühl, sondern eher ein überpersönlicher Zustand. Wir lieben – oder wir lieben nicht. Hier gibt es keine Einschränkung auf bestimmte Personen, denn die bedingungslose Liebe liebt einfach alles: die Natur, das Sein, die Gegenwart, den Partner – und mehr und mehr alle Wesen dieser wunderbaren Welt – auch Jene, die die Gesellschaft womöglich noch verachtenswert findet.

Lieben wir, werden wir aufhören uns durch andere Menschen gestört zu fühlen (auch wenn sie sich die größte Mühe geben), weil wir an ihren Agressionen oder Lieblosigkeiten erkennen, woran es den Armen krankt: sie ärgern sich über das Verhalten von Jemandem, weil sie es in sich selbst verdrängen mussten, um sich anzupassen und Zuneigung zu erhalten. Es ist ihr `Schattenkind´, das sich ihnen im Spiegel des Anderen bemerkbar macht, und man möchte diesem Menschen einfach nur wünschen, dass er diesen verdrängten Teil seines Selbstes endlich wieder annehmen kann, um heil zu werden.

Entweder wir lieben – oder wir lieben nicht. Wer liebt, erkennt in Jedem das Vollkommene – erkennt in Jedem sich Selbst. Das macht es aus, die Welt wahrhaft mit den Augen der Liebe zu sehen. Da ist keiner, sei er nach dem Urteil der Gesellschaft auch ein noch so verachtenswerter Verbrecher, der nicht – als Teil von uns selber – liebenswert wäre.

Lieben wir, kann uns nichts wirklich schaden, denn im Licht unserer Liebe sind wir vollkommen und auf ewig geschützt. Durch unsere Liebe sind wir dem Schwarz-Weiß-Spiel der irdischen Polaritäten entwachsen und haben im Einklang mit den kosmischen Gesetzen uns Selbst im Eins-mit-Allem-Sein gefunden. Denn die Kraft der Liebe ist die mächtigste Energie im Universum. Ihre innerste und höchste Wirklichkeit ist die göttliche Liebe Selber.

Es geht also beim `Liebenlernen´ in der irdischen Schule des Lebens um die Evolution des Bewusstseins zur höheren Wirklichkeit. Das, was man gemeinhin für `Realität´ hält, ist nur die Alltäglichkeit des konditionierten Verstandes. Das jedoch, was es durch das `Liebeleben´ zu erlangen gilt, ist das Erleben geistiger Freiheit in der Ganzheitlichkeit des Seins: Die Einswerdung mit Gott, sich selber und allen Anderen, mit denen wir untrennbar verbunden sind.

Es mag sein, dass wir auf dem Weg dorthin, nachdem wir unseren Kopf gelegentlich über die Wolkendecke in den reinen Äther des blauen Himmels erheben durften, durch Zweifel erst noch einige Male wieder in den irdischen Dunst hinab tauchen müssen, ehe sich unser Wunsch nach Integrität soweit gefestigt hat, die Niederungen der zwiegespaltenen Welt für immer verlassen zu wollen.

Wahre Vergebung

Der Weg der Befreiung, der von unseren gebundenen Herzen die Lasten nimmt und sie von ihren Fesseln befreit, ist Vergebung. Keine bloßen Worte, mit denen der Verstand sich selber etwas vormacht – sondern wahre Vergebung – für uns Selbst und für die Anderen, die vermeintlich an unserem Elend Schuld sind. Denn wahre Herzensvergebung nimmt dieses Elend der Schuld von uns und wälzt die Mühlsteine von unseren Seelen. Wahre Vergebung macht uns frei für die Erkenntnis: es gibt keine Schuld. Alles was uns geschieht, hat im Auftrag unserer Seele mit uns Selbst zu tun. Durch die Vergebung erkennen wir, dass alles, was uns geschah und geschieht, Wirkung einer Ursache ist, die in uns selber liegt. Dann muss uns die erkannte Verdrängung, der gefühlte Schmerz, der weggeräumte Stolperstein dienen und sich letztlich als Weg zu unserer Befreiung erweisen.

Die Selbstvergebung wirkt Vertrauen im Erkennen, dass unser Lebensweg einen bestimmten Sinn und Zweck erfüllt. Auch wenn wir in unserer Kindheit die vertrauensgründende Liebe unserer Eltern, Lehrer und der Gesellschaft missen mussten, erkennen wir durch die vergebende Selbstannahme, dass wir immer schon von einer umfassenderen Liebe geliebt waren, als unsere Erziehungspersonen sie uns zu geben in der Lage waren. Im Erkennen, dass die Liebe Gottes uns immer schon geliebt hat und immer lieben wird, dürfen wir uns selber lieben. Oder sollten wir die Liebe Gottes zu uns Lügen strafen, indem wir uns weiterhin für ungeliebt und unliebenswert halten?

Und zu einer weiteren Erkenntnis führt die Vergebung in Konsequenz: Nachdem ich mich im Erkennen des wahrhaft Geliebtseins und bedingungslos Angenommensein durch die Liebe selbst liebend annehmen durfte, folgt das Erkennen des Gottgeliebtseins auch der „Anderen" und damit die Reifung zum

„Wir". Oder sollte die Liebe Gottes irgendeinen Menschen von ihrer Liebe ausgeschlossen haben? Nein, Er liebt jede Seele – auch wenn sie in dieser Inkarnation ein Vergewaltiger, Verbrecher oder Mörder sein sollte – denn Er erschuf jede Seele in jener Vollkommenheit, in der sie dereinst zu Ihm zurückkehren wird (und jenseits der menschlich-beschränkten Wahrnehmung von Raum und Zeit bereits zurückgekehrt ist).
Im Herzen eines Jeden wohnend, kennt die Liebe kein größeres Ziel, als uns zu unserer Vollkommenheit in die höhere Wirklichkeit zu führen. Im Vertrauen, dass die Liebe uns sicher zum Erwachen des uns von Ihr verliehenen göttlichen Bewusstseins leitet, erkennen wir nun in allen Umständen unseres Lebens den Sinn.

„Vergebung ist die Heilung der Wahrnehmung
der Trennung." (Ein Kurs in Wundern 3.V 9)

Transformation und Unio Mystica
Haben wir durch die Führung der Liebe endlich die Vervollkommnung unseres Wesens im Eins-mit-Allem-Sein erlangt, ist es kaum vorstellbar, jemals wieder in die Tiefen des dualistischen Denkens der bipolaren Welt hinab zu fallen. Nun sind wir befähigt die Beine auf der Erde und den Kopf über den Wolken zu haben. Im Licht und der Kraft des ganzheitlichen Liebebewusstseins können wir nun in die irdische Wirklichkeit hinabsteigen um unseren Körper und die physische Erfahrungswelt zu transzendieren. Dies ist der eigentliche Grund unseres Hierseins in der körperlichen Welt: Das Licht der erlangten höheren Bewusstseinsstufen hinabzutragen in jede Zelle unseres Körpers und liebestrahlend auf unser soziales Umfeld zu wirken. Denn nicht erst in fernen jenseitigen Paradiesen – sondern Hier und Jetzt im Körper auf dieser Erde ist der Ort der Transformation. Deshalb sind wir hier.

„Die wahre Bewusstseinsveränderung ist die,
welche die physischen Bedingungen der Welt
verändern wird und aus ihr
eine vollkommen neue Schöpfung macht."
(Mirra Alfassa – „Die Mutter", 1878-1973)

Diesen Zustand der Gewissheit des „Ich bin" erlangen wir, indem wir aufhören, uns fälschlicherweise mit unserem konditionierten Verstand zu identifizieren. Weil wir uns, um angenommen zu werden, eine Maske überzogen und wurden, wie Eltern, Schule und Gesellschaft uns haben wollten, vergaßen wir unser wahres Selbst. Zur Wieder-Entdeckung jenes wahren Wesens, das wir wirklich sind, immer schon waren und immer sein werden: geliebtes Kind Gottes, finden wir dadurch, dass wir die Verstellungen überwinden.

Gerade das, was dieses Wesen in uns verschüttet hat, wird zu unserem ganz persönlichen Befreiungsweg. Dadurch, dass wir die Verdrängtheiten als unsere „Schattenkinder" erkennen und annehmend in unser Herz heben, erlangen wir die Befreiung. Dadurch, dass wir lernen uns bedingungslos anzunehmen, wie die bedingungslose Liebe Gottes uns immer schon annahm und immer annehmen wird, erkennen wir uns und alle Anderen in der göttlichen Wirklichkeit des Seins.

Die Heilung von den erfahrenen Lieblosigkeiten einer lieblosen Umwelt beginnt also mit der Erkenntnis des Immer-schon-geliebt-Seins von Gott. Das geistige Erwachen beginnt, wenn der Mensch in seinem Herzen das Urvertrauen an die Göttlichkeit wieder findet. Die Liebe ist der Urheber des Vertrauens dem Leben gegenüber.

Wahre Liebe trennt nichts, sondern lässt los, was nicht in Resonanz mit ihr ist, weil sie die Freiwilligkeit des Wesens über all ihre Sehnsucht nach Vereinigung hinaus respektiert. Niemals würde die Liebe in die Freiwilligkeit einer Seele eingreifen, weil die Liebe nur in Freiwilligkeit erwidert werden kann. Wäre dies nicht so, hätten wir keinen freien Willen, sondern wären Automaten. Liebe lässt sich nicht erzwingen, befehlen oder verordnen, sondern sie schenkt sich immer nur frei. Die bedingungslose Liebe Gottes belässt jeden in seiner Freiwilligkeit wie er ist. Sie überlässt jedem die Entscheidung selbst, ob er in der subjektiven Wahrnehmung des Verstandes mit seinen Wertungen, Be- und Verurteilungen verbleiben möchte, oder im Herzen das große Ja zur Liebe und zum Leben spricht. Dann aber, wenn nicht mehr der Verstand, sondern das Herz den Weg des Menschen lenkt, wird er unfehlbar von der Kraft der alles erfüllenden Liebe zur Quelle und zum Ursprung seiner Existenz geführt.

Jeder, der sich nach Liebe sehnt, wird ihre Erfüllung finden, denn sonst hätte er diese Sehnsucht nicht. (Was wäre das für ein zynischer Liebegott, der dem Menschen eine Sehnsucht einpflanzte, ohne schließlich deren Erfüllung zu gewähren?!) Nur deshalb empfinden wir diese Sehnsucht, damit sie uns den Weg zur Erfüllung führt. Ziel der Freiwilligkeit des Menschen ist es, ihn durch die Liebe sich selbst in seiner Göttlichkeit wieder finden zu lassen. Denn nichts existiert in allen Universen, das außerhalb von Gott wäre. Erkennen wir, dass wir in Gott sind – und Gott in uns ist (als das Eine Leben, das in uns allen lebt und als die Liebe Selber), beginnen wir mit der Liebe Gottes in Resonanz zu gehen und uns wahrhaftig zu sehen.

Die Göttlichkeit wahrer Liebe

Nicht wir sind es, die durch irgendein magisches oder zeremonielles Tun diese Veränderungen in unserem Leben bewirken, es ist die Liebe Selbst. Wir brauchen nicht mehr zu tun, als nur Ihr zu vertrauen. Es gibt zwar die verschiedensten Meditations-Techniken, aber es ist absolut keine Profession in irgendeiner dieser Techniken erforderlich.

Hilfreich ist es, unsere Aufmerksamkeit auf unser Herz zu lenken. Einfach mit dem Instrument unserer Aufmerksamkeit unsere Herzensmitte suchen – anstrengungslos. Die Liebe lässt sich von Jedem gern finden.

Jeder wird einzigartige Entdeckungen in sich selber machen, die sich nicht verallgemeinern lassen, weil jeder einzigartig ist. Die Liebe führt jeden seinen ganz besonderen Weg. Würden wir uns anstrengen oder irgendein Leistungsprogramm erfüllen wollen, um die Liebe zu ergreifen, erreichten wir überhaupt nichts. Auch wenn wir bereits gewisse Erfahrungen (zum Beispiel die Wahrnehmung des energetischen Strömens der Schwingungen unserer seelischen Bewusstseinszentren) gehabt hätten, und würden das nun gebetsmühlenartig wiederholen, was uns erstmals zu diesen Erfahrungen führte, um mit Formeln oder rituellen Handlungen die Liebe herbei zu zitieren, nützte es uns nichts, denn die Liebe ist frei. Sie lässt sich nicht befehlen. Aber sie ist immer da: allgegenwärtig – und es liegt allein an unserer Aufmerksamkeit (die wir im allgemeinen auf alles andere in der Welt eher richten, als auf unser inneres Wesen), die Liebe in uns selber gegenwärtig zu finden.

Jeden, der sich nach ihr sehnt, nimmt die Liebe seelendurchflutend in sich auf, sobald wir sie in uns aufnehmen. Ein wechselseitiger Prozess: wir finden uns in der Liebe und die Liebe findet sich in uns. Dann wird ihr geistiger Liebekraftstrom nicht nur unsere Seele wecken, sondern auch unsere körperliche und weltliche Wirklichkeit verwandeln. Uns wird nicht länger immer wieder der Boden unter den Füßen entgleiten, weil die Konstruktion unserer Verstandespläne und Ziele nie wirklich trägt, sondern fortan wird unser Leben mit der Liebe auf ein Fundament gebaut sein, das Diesseits wie Jenseits ewig trägt.

Sich der wahren Liebe als bewusst wirkende Energie des alles vereinenden Heils bewusst zu werden, verändert das Leben von grundauf. Je mehr wir unsere Konditionierungen überwinden, die dem Urvertrauen noch entgegenstehen, sich dieser allumfassenden Kraft wirklich ganz hinzugeben, werden wir ihre Leuchtkraft in unserem Sein erfahren. Resoniert die Seele dann mit den Schwingungen und dem Liebeströmen der göttlichen Liebe, erfährt sie diese energetische Kraft im Wirken um sich herum und mitten in ihr drinnen. Sie wächst in diesem Erleben in dem Maße, wie sie sich der – die ganze Schöpfung durchflutenden Liebe in sich selbst bewusst wird. So wächst der Geistfunke des Lebens zur Sonne der Seele in ihrem Herzen, die zunehmend heller in ihrem Leben erstrahlt. Und je mehr sie liebt, umso wahrhaftiger und lichter wird die Seele werden.

Es ist, als fiele eine Last von uns (die Schwere der Welt, von der das Ego meint, dass es auf ihm lastet). Die Wahrnehmung unserer Welt scheint sich zu erweitern. Und so ist es auch, denn die Liebe öffnet unser Herz (nicht das physische – sondern das seelische Bewusstseins-Zentrum des Herzens-Chakra `Anahata´), und wir werden uns dieser geistigen Liebe-Sonne in der Mitte unseres inneren Wesens bewusst.

So erfüllt sich an und in uns das Ziel der Schöpfung: die ewige Potenzierung der Göttlichkeit. Dann liebt die Liebe Gottes durch uns hindurch; bewahrheitet sich die göttliche Wahrheit in uns; und freut sich die göttliche Freude durch uns. Das ist die geheimnisvolle Vereinigung der `Unio Mystica´: Der Schöpfer, als der Ursprung allen Seins, eint sich mit Seiner Schöpfung im Bild der Vereinigung von Mann und Frau.

Die Wahrnehmung dieser Veränderung in unserem Leben wird nicht allein von uns gesehen, sondern auch von unserer

Umwelt wahrgenommen. Denn die Sonne unseres Herzens strahlt für alle spür- und sichtbar wärmend aus. Mit dem Aufgehen dieser Sonne in unserem Herzen ist es ein wenig heller geworden in der Welt. In je mehr Menschen der Lebensfunke des Herzens zur Sonne erwacht, umso heller wird es auf dem Planeten Erde werden.

Die Erweiterung des `Ich´ im `Du´
So findet der Mensch zu seiner Identität und zu seinem wahren `Ich´. Nachdem er sich bisher mit seinem konditionierten Verstand identifizierte, ist er nun er Selbst geworden. Die „kleine Person des Vordergrunds", für die er sich aufgrund der einprogrammierten Normen irrtümlich hielt, existiert nun nicht mehr, da die wahre Persönlichkeit zum Bewusstsein der Wirklichkeit erwacht ist. Mit diesem Erwachen bestimmen nicht mehr die Konditionierungen des Verstandes das Leben, sondern die Inspiration und Intuition des Herzens weist jetzt in steter Bewusstseinsentwicklung den Weg zu fortwährender Weitung der geistigen Räume. Auf diese Weise `Ich-Geworden´ verändert sich auch das Verhältnis zum `Du´. Waren die Beziehungen bisher von Interessen und Absichten gelenkt, die zunächst nur den eigenen Vorteil suchten (Was gibst du mir für das, was ich dir gebe?), beginnt der Mensch nun auch den Anderen in seinem Selbst zu erkennen und unterschiedslos als Teil des Ganzen zu sehen, mit dem er in Wechselwirkung untrennbar verbunden ist. Die Vereinigungskraft der Liebe bewirkt die Anziehung der Herzen, die jetzt nicht mehr nur den eigenen Vorteil, sondern das Gemeinsame sucht. Nun verbindet die Liebestrahlung die Herzen energetisch und lässt sie interagierend resonieren.

> *„Die wichtigste Zeit ist der Augenblick.*
> *Der wichtigste Mensch ist der,*
> *mit dem wir gerade zu tun haben.*
> *Das wichtigste Gefühl ist die Liebe,*
> *mit der wir den Menschen begegnen."*
> (Meister Eckhart von Hochheim 1260-1327)

Für die Liebesbeziehung zwischen zwei Menschen bedeutet die veränderte Sicht aus der Perspektive der herzzentrierten

Persönlichkeit, dass man von dem Partner nichts verlangt, was man nicht selber zu geben bereit ist, ihn nicht mehr besitzen will. Auch erwartet man von dem Partner nicht mehr die Erfüllung dessen, was einem selbst noch fehlt, denn in der Herzzentriertheit ruhen wir in uns selbst - heil, ganz und erfüllt. Nein, wenn sich die Herzen zweier selbstgewordener Persönlichkeiten verbinden, erfolgt etwas Größeres, als dass man sich gegenseitig nur den Spiegel vorhält. Wenn zwei Herzen sich in wahrer Liebe finden, geschieht eine immense Erweiterung durch eine größere Einswerdung: die beiden Individuen, die jedes für sich ein vollständiger Kosmos ist, vereinigen sich zu einem potenzierten Universum. In dieser Liebe-Verbindung erweitert sich das Bewusstsein beider durch ständige Vertiefung in das gemeinsame größere Herz, das unendlich viel größer als die Summe beider Herzen ist. Hier werden die Gefühle nicht mehr im Auf und Ab einer Verbindung erfahren, die noch den bipolaren Gesetzen der Welt unterliegt. Bisher stiegen beide nach kurzen Augenblicken der Empfindung von Einheit immer wieder in die Zweifel des sich getrennt Erlebens hinab, um in Auseinandersetzung und gegenseitigem Missverstehen erst wieder ein Tal zu durchschreiten, ehe sie – gleich dem mühsam erstiegenen Gipfel eines Berges – erneut einen gemeinsamen Standpunkt fanden (- nur um nach diesem Aufatmen über den Wolken erneut den Kopf unter die Wolkendecke zu ziehen). Jetzt jedoch – in der Einheit eines wahrhaft zweigeeinten Herzens – gibt es keinen Streit mehr (zum Beispiel darüber, wer Recht hat und wer im Unrecht ist), denn in der Einheit zweier Herzen ist die Zwiegespaltenheit der Welt überwunden. Die Gespräche der Liebenden finden nicht mehr im Wechselspiel der Pole statt, in der jede Position immer eine Gegenposition hat, sondern beide schauen nun aus der Perspektive der Einheit, die alle Gegensätze der bipolaren Welt in sich vereinigt hat, etwas größeres Gemeinsames.
Die Herzensverbindung ist gleichsam als `Kernfusion´ zu verstehen, die durch die Verschmelzung zweier Kerne zu Einem die Energie zur Sonnenkraft potenziert. Die Intensität der Gefühle zweier Eins gewordener Herzen erhebt sich über das bloß körperliche und seelische Fühlen himmelweit, denn die wahre Liebe erweckt in den Liebenden, die sich einander die Tore ihrer Herzen öffnen, eine Freude, die überirdisch und ewig gegenwärtig ist.

Die Potenzierung des `Ich´ im `Wir´

Die überkosmische, bedingungslose, göttliche Liebe ist als das Höchste Selbst der Grund allen Seins. Nichts existiert außerhalb von ihr oder ohne Sie. In dem Maße, wie sich das göttliche „Ich bin" durch gelebte Liebe in uns als wahres `Ich´ manifestiert, werden wir alle Fehleinschätzungen überwinden, die aus der konditionierten Wahrnehmung, Beurteilung und Wertung unserer falschen Ichvorstellung entstanden waren. Mehr und mehr werden wir erkennen, dass die Liebe als Grund der Schöpfung auch jene allgegenwärtige Kraft ist, die auf die vollkommene Entfaltung des göttlichen Bewusstseins in der Materie zielt. Im Licht der Erkenntnis der Wahrheit, Liebe und Freude Gottes in unseren Herzen werden wir deutlich sehen, dass wir alle durch das in uns wohnende göttliche Wesen der Liebe miteinander verbunden sind: Alle in Einem und Einer in Allen.

`In der Liebe Sein´ heißt, die Einheit der Vielfalt zu sehen – sich selber als Teil des Ganzen wahrzunehmen, das mit allen anderen Teilen (von denen jedes einzelne ein vollkommenes Ganzes ist, wie jede Zelle unseres Körpers den Bauplan des ganzen Körpers enthält) untrennbar verbunden ist. `In der Liebe Sein´ heißt, aus dem Sich-von-Gott-getrennt-Erlebens herausgewachsen zu sein. `In der Liebe Sein´ heißt, zu einem bewussten göttlichen Wesen erwacht zu sein, das zum Schöpfer seiner eigenen Welt und so zum Mitschöpfer des Alls geworden ist. Dieses Erwachen erfüllt uns mit Sinn und ungeahnter Lebenskraft, denn wir erkennen, dass wir als Individuen die Verantwortung für unser eigenes Leben haben – und als soziale Wesen in Wechselwirkung mit allen anderen Menschen in der Verantwortung für die Welt stehen. Die Konsequenz ist das Verstehen, dass wir, was wir anderen zufügen uns selber antun, was wir anderen Gutes tun, unser eigener Gewinn ist, denn, wenn wir `in der Liebe sind´, sehen wir, dass nur ein einziger Mensch diesen Planeten bewohnt.

Mit diesem Erkennen endet der persönliche Egoismus des konditionierten Verstandes. Mit diesem Erkennen endet der nationale Egoismus in der Verwirklichung des Ideals einer geeinten Menschheit. Das Weltwirtschaftssystem einer Konkurrenzgesellschaft, wie es jetzt das Leben und die Ressourcen der Erde in Geiselhaft nimmt, wird uns wie ein Relikt aus der Steinzeit vorkommen, wenn wir die wahren

Werte eines erleuchteten Bewusstseins erstreben und leben. WIR werden uns in Demut bedingungslos herschenken wollen, weil uns dies überflutend reich beschenkt. WIR werden die Dissonanz des kranken Körpers, dessen Organe sich bekriegten und dessen Zellen wie Krebszellen wucherten, in Konsonanz mit der bewusst erlebten Gegenwart der bedingungslosen Liebe heilen. WIR werden in völliger „Freiheit, Gleichheit und Brüderlichkeit" auferstehen und im gemeinsamen Schwingen im Einklang mit der göttlichen Harmonie des ganzen Universums sein. Mit dem Quantensprung der Bewusstseinsentwicklung vom `Ich´ zum `Du´ und der daraus erwachsenden Vereinigung zur vielfältigen Einheit im `Wir´ potenziert sich die Liebe, indem sie Ihre Schöpfung zur Göttlichkeit erhebt. Dies ist die vielleicht tiefste Bedeutung des Wortes „Unio Mystica":

Gott Selbst – die Liebe –
wird unter uns Menschen wohnen.

Im Erkennen, dass alle Menschen miteinander verbunden sind – einzig und einig durch das in ihnen wohnende göttliche Leben, das die Liebe Selber ist – liegt eine uns zur Zeit noch kaum vorstellbar scheinende Kraft, die Macht genug zur radikalen Veränderung der Erde hat.
Man kann diese Wahrheit nicht oft genug wiederholen, damit sie - über das Verstandesverstehen der innewohnenden Logik hinaus – zur inneren Gewissheit und zum Antrieb weltverändernder Erfahrung wird:
Wenn Jedem einsichtig wäre, dass er sich selber schadet, wenn er Jemandem Schlechtes tut; dass er sich selber beschenkt, wenn er Jemandem Gutes tut, änderte sich von Heute auf Morgen die Welt. Denn die Folge eines solchen Erkennens wäre, dass Jeder danach streben würde, den Anderen bestmöglich dienlich zu sein, weil dies für Ihn selbst der größte Lebensgewinn wäre. Was für eine wundervolle Welt, in der alle einander und dem Gemeinwohl allen Lebens eigenverantwortlich und frei dienen?!! Wenn wir uns mit den Augen der Liebe betrachten, verändern wir uns. Ja, die Welt wird sich verändern, wenn wir sie mit den Augen der Liebe sehen.

„Die Liebe ist der Endzweck der Weltgeschichte,
das Amen des Universums." (Novalis)

Die „Währung der Liebe"

Das noch herrschende Weltwirtschaftssystem der Diktatur des Kapitals ist ein Relikt einer unzivilisierten Menschheitsepoche und gehört im Interesse eines werten Lebens aller Kreatur auf diesem Planeten überwunden.

Der Herzmensch im Hier und Jetzt wird eine neue Währung haben, die - mehr als ein Zahlungsmittel – eine Energie ist, die alle und jeden bereichern wird.

Während das Geld der Welt vergänglich und nicht wirklich etwas wert ist, (da es inzwischen nicht einmal mehr aus Papier besteht, sondern nur noch aus bloßen Zahlen, die auf den Zentralcomputern der Zentralbanken hin und her transferiert werden), wird der neue Wert unermesslichen Gewinn an Lebensqualität mit sich bringen.

Bei der Konvertierung des altbabylonischen Geldsystems, (das, von der Golddeckung – über die Papierwährung – bis zum „bargeldlosen" Zahlungsverkehr der Gegenwart, inzwischen jeden realen Gegenwert verloren hat), in eine neue, zukunftsreiche Währung, wird sich die Vorstellung von dem, was Wert ist, grundlegend wandeln: Das Geld von Heute wird Morgen nicht mehr Selbstzweck – sondern Verantwortung sein, die den Besitzer drückt, dass er sich beeilt, die Bürde loszuwerden, indem er die alten Währungen von Dollar, Euro und Yen möglichst schnell in die neue Währung der Liebe zu wechseln sucht.

Die ökonomische Gesetzmäßigkeit dieser nachhaltigen und gemeinnützigen Währung erkannte schon Clemens Brentano (1778-1842):

> *„Die Liebe allein versteht das Geheimnis,*
> *andere zu beschenken*
> *und dabei selbst reich zu werden."*

Die energetische Währung der Zukunft, deren Einführung weniger im politischen oder marktwirtschaftlichen Bereich, sondern vielmehr in der persönlichen Verantwortung jedes Einzelnen liegt, ist die „Währung der Liebe".

„Gewinn" wird sich nicht mehr nur als quantitativer Faktor eines materiellen Erfolgs definieren, sondern – vielmehr als qualitatives Ergebnis, das Allen nützt.

Im Gegensatz zu den weltlichen Währungen Dollar, Euro oder Yen, die man nur einmal ausgeben kann, und deshalb sparsam mit ihnen umgeht, funktioniert die Währung der Liebe nach ganz anderen Gesetzmäßigkeiten, als die wirtschaftlichen Gesetze der bisherigen Währungen der Welt. Nach deren Regeln erhält man, je mehr man von der neuen Liebewährung ausgibt, umso mehr zurück. Je mehr man verschenkt, umso reichlicher erhält man. Je verschwenderischer wir mit dieser Währung umgehen, umso mehr schenkt sie sich uns.

Diese neue Währung wird uns, unsere Umgebung – ja, die ganze Welt – in kürzester Zeit genesen lassen. Sie wird nicht mehr nur die Materie wertachten, sondern ganz allgemein die Kultur, Bildung und Spiritualität jedes Menschen fördern – und die seelische und geistige Entwicklung der Menschheit insgesamt.

Diese „neue Währung" wird Arbeit nicht mehr bloß als Tauschwert des Geldes materialistisch anerkennen, sondern durch die Berücksichtigung des Wertes jeder liebevollen Tat ein enormes Potenzial eigenverantwortlichen Handelns aus besserer Einsicht freisetzen. Jeder wird der Allgemeinheit und dem Leben auf der Erde bestmöglich förderlich sein wollen, weil dies allen den größten quantitativen und qualitativen Gewinn einbringt. Dann wird dem Menschen der Unterschied zwischen dem Wertesystem des Herrschens und Habens – im Gegensatz zum Wert des gegenseitigen Dienens und Seins, wie ein Licht aufgehen. Dann muss der Mensch seine Lebenszeit nicht mehr als fremdbestimmte Arbeitskraft verkaufen, sondern darf der Allgemeinheit durch die Verwirklichung seiner ganz persönlichen Talente freiwillig Dienst zu seiner höchsteigenen Selbsterfüllung und Zufriedenheit leisten. Und alle werden ihn darin bestmöglich unterstützen.

In der „Währung der Liebe" werden nicht nur die Schätze im Himmel des Herzens gesammelt, sondern tatsächlich jetzt und hier – auf diesem Planeten, den wir gemeinsam bewohnen – würde diese Währung schon sehr bald ein allgemeines Aufblühen und die Verwirklichung des Paradieses auf Erden bewirken.

> *„Der `Neue Mensch´ wird die `Neue Erde´*
> *und die `Neuen Himmel´ bewohnen."*
> (Offenbarung 21,1)

Die Regierung der Liebe

Das Ziel der geistigen Evolution der Menschheit ist die Kultivierung zu liebevollem Umgang miteinander im Dienst an der Weltnatur. Jetzt, an der Wegkreuzung des 21. Jahrhunderts, ist dieses Ziel gesellschaftliche Vision und einziger Ausweg zugleich, das den Weltfrieden des Neuen Zeitalters herstellen kann.

Weder eine politische Weltregierung noch sonst ein weltliches Herrschaftssystem wird die vereinigte Menschheit regieren. Denn der geistig erwachte Mensch erwählt die Regierung der göttlichen Liebe Selbst. Ihre Macht benötigt keine weltlichen Institutionen, sondern gründet auf der inneren Präsenz im Herzen eines jedes Bewohners dieser „Neuen Erde".

Große Wahrheiten sind einfach: Die Verwirklichung des Ideals wird geschehen, wenn die Liebe Gottes im Herzen des Menschen Widerhall findet. Denn:

> *„Gott ist die Liebe; und wer in der Liebe bleibt,*
> *der bleibt in Gott und Gott in ihm."*
> (1 Johannes 4,16)

Der Mensch, der so satt an Unrecht ist, weil es davon so viel gibt in der Welt, wird sein Herz nicht mehr davor verschließen, wenn er zum Leben in der Höheren Wirklichkeit erwacht. Dann wird er mit den Augen der Liebe sehen. Herz, Augen und Hände öffnen für die Not der Kinder, Entrechteten, Leidenden und Kranken dieser Welt. Krieg und Hunger müssen weichen, weil es nun nicht mehr um kommerzielle Profitinteressen geht, sondern um die tätige Umsetzung des Liebegebots.

Leider ist dieser Himmel auf Erden einer Gesellschaft der besseren Einsicht und Erkenntnis jedes Einzelnen in Liebe noch Zukunftsvision. Doch das Erkennen des Menschen steht bevor, dass der Grund für das Elend der Welt seine Gottferne ist – und dies ist die Voraussetzung für das Erwachen des Bewusstseins seiner Göttlichkeit: dass er sich seines seelischen Wesens und der Gegenwart Gottes erinnert. Dann erst wird sich der Schleier von seinen Augen heben. Erst dann kann der Heilige Geist ihn aus seinem Irrtum wecken.

> *„Dein Reich komme!"*
> (Mathäus 6,10)

– und es ist schon da: in den Herzen Jener, die Eins mit sich selbst geworden sind. Denn wenn wir uns selbst in Liebe angenommen haben, werden wir auch die Anderen in Liebe annehmen können, weil wir sie als untrennbar mit uns Selbst verbunden erkennen. Dadurch wird sich die Welt verändern, dass wir uns nicht mehr voneinander und von Gott getrennt erleben. Indem wir endlich wieder mit dem Herzen sehen, verstehen wir, dass, was wir den Anderen tun, wir uns selbst antun. Jetzt werden wir einander nur noch mit dem Geschenk der Liebe beschenken wollen. Das verändert die Welt.

> *„Eine Liebe, die nicht das Gegenteil von Hass ist und der auch nichts zu ihrem Sein not tut, die einfach ist. Sie glüht in allem, was ihr begegnet, allem, was sie sieht, allem, was sie berührt. Sie kann nicht anders, als zu lieben, denn das ist ihre Natur; nichts ist ihr niedrig oder erhaben, nichts rein oder unrein; nichts kann sie trüben, ihre Flamme oder Freude verdunkeln. Andere Merkmale offenbaren ihre Gegenwart: Sie ist schwerelos, nichts kann sie belasten, als sei die ganze Welt ihr Spiel. Sie ist unantastbar und unverletzlich, als sei sie für immer jenseits aller menschlichen Tragödien, jenseits allen Unglücks und aller Unbill. Sie gleicht einem Weisen, sie sieht. Sie ist ruhig wie ein Atemhauch auf dem Grund des Wesens, und sie ist weit, so unermesslich weit wie ein Äonen währender Ozean. Denn sie ist ewig. Und sie ist frei: nichts kann sie halten; nicht das Leben, nicht die Menschen, weder Gedanken noch Doktrinen oder Nationen – sie reicht darüber hinaus, immer weiter, und doch ist sie unzählbar und mannigfaltig im Herzen aller Dinge, als wäre sie mit allem Eins. Denn sie ist der lebendige Gott in uns."*
> (Sri Aurobindo, „Integrales Yoga")

Weil der göttliche Liebegeist das eigentliche Leben im Menschen ist, wird dessen Seele im Maße, wie sie sich vom ichzentrierten Denken ihres Eigenwillens befreit, sich auch vom Druck der Schwerkraft ihres irdischen Körpers befreien. Schenkt sie dem Lieberuf in ihrem Herzen Gehör und bereitet sich als Kanal der Liebe, dann naht sie der Verwirklichung des Lebenszieles: der Vergöttlichung des Menschen. Denn:

„Das Endziel der Weisung ist Liebe aus reinem Herzen."
(1 Timotheus 1,5)

Im Maße, wie wir bereit sind, diese Liebe zu leben und durch uns hindurch lieben zu lassen, wird sich der Strahlungsradius unseres Herzens ausdehnen – bis er schließlich die ganze Welt und das ganze Universum umfasst.

Durch Liebe zum Weltfrieden zu finden ist zweifellos ein wünschenswerteres Ziel als das entfesselte Inferno der internationalen Waffenpotentiale eines Dritten Weltkriegs, der vielleicht für alles Leben auf der Erde final wäre. Dies sollte Motivation genug zur Veränderung der Welt durch Veränderung des eigenen Lebens sein.

Indem der Mensch dem Liebegeist im Herzen seines Herzens das Recht gibt, durch sich hindurch den Brüdern und Schwestern liebend zugetan zu sein, harmonisiert er sein Wesen. Derselbe Liebegeist in uns allen ist es, der so dem Heil aller dient. So wird Gott, die Liebe Selber, uns und durch uns die Welt heilen.

Nun ist *„Mein Reich, das nicht von dieser Welt ist"* (Jesus) – und der Himmel in diese Welt herabgekommen.

Wie gesagt: Die Revolution des 21. Jahrhunderts findet im Herzen jedes Einzelnen statt. Nichts sollte uns in gegenseitigem Dienst aufhalten können, im Licht der Liebesonne in unseren Herzen, die Erde zurück in den Garten Eden zu verwandeln.

Die Liebe Gottes ist die EINE Kraft, die in und durch uns alle liebevolle Tat wirkt. Wir sind es, für die und durch die Gott die Neue Erde und die Neuen Himmel für die Ewigkeit bereitet hat:

„Siehe, Ich mache alles neu!"
(Offenbarung 21,5)

DIE PRINZIPIEN
DES FRIEDENSREICHES

DAS MANIFEST WAHRER ZIVILISATION

1.   VOM WESEN DES MENSCHEN

1.1.   Alles Leben im Universum wirkt der Geist.
Das ewige Leben der menschlichen Seele
ist Leben vom Leben des ewigen Geistes.

1.2.   Der Mensch ist das Bindeglied
zwischen Himmel und Erde.
Sein Körper ist aus dem Stoff der Erde
- das Pflanzen- und Tierreich ist in ihm,
so wie das Universum in ihm ist.

1.3.   Es ist EIN Mensch, der diesen Planeten bewohnt.
Die Völker sind seine Organe
und die Individuen die Zellen seines Körpers.

1.4.   Das Lebensziel des Menschen ist das Erwachen
zu seiner Göttlichkeit, die in ihm wohnt.
Entsprechend der Verwirklichung des Himmels
im Bewusstsein des Menschen
ist seine Wirklichkeit auf der Erde beschaffen.
Wie die Innenwelt des Menschen,
so ist seine Außenwelt.

1.5.   Aus ganzheitlicher Perspektive
lösen sich die scheinbaren Gegensätze
des bipolaren Denkens auf.

1.6.   Das Universum ist durch Schwingung in Bewegung
versetzte Bewusstseinskraft.
Alles schwingt in rhythmischer Ordnung.

1.7. Nichts geschieht zufällig.
Jede Erscheinung hat einen Grund
und jede Wirkung eine Ursache.

1.8. Alles Leben erscheint zur Fortpflanzung
in weiblich und männlich verschiedener Form
und ist doch unteilbar EINS.

1.9. Für jedes Lebewesen im Universum ist gesorgt.
Es ist für Jeden alles Erforderliche im Überfluss da.

1.10. Jeder Mensch ist verantwortlich
nur für sich selbst.

1.11. Die Verwirklichung der persönlichen Fähigkeiten
ist vornehmlichste Lebensaufgabe des Individuums.
Weil diese Selbstverwirklichung den
größtmöglichen Nutzen für die Gesellschaft bringt,
unterstützt sie den Einzelnen dabei.

1.12. Über die individuelle Persönlichkeitsverwirklichung
hinaus ist jede Arbeit freiwillig
und eigenverantwortlich.

2.   DAS AMT DES MENSCHEN

2.1. Der Reichtum der Himmel

2.1.1   Der Reichtum der Himmel ist heilig.

2.1.2   Das höchste Ziel des Menschen
ist die Erlangung himmlischen Reichtums.

2.2. Der Reichtum der Erde

2.2.1   Der Reichtum der Erde schöpft
aus dem Reichtum des Universums,
der unerschöpflich ist.
An materiellen Werten ist genug für Alle da.
Niemand muss hungern oder frieren.

2.2.2   Wer vom Land etwas haben will, soll dem Land
geben und Schützer des Landes sein.

2.2.3   Wer vom Meer etwas haben will, soll dem Meer
geben und Schützer des Meeres sein.

2.2.4   Wer von den Tieren etwas haben will,
soll den Tieren geben und Schützer der Tiere sein.

2.2.5   Wer von den Menschen etwas haben will,
soll den Menschen geben
und Priester der Menschen sein.

2.3 DIE WIRTSCHAFTSORDNUNG DER ERWACHTEN MENSCHHEIT

2.3.1   Bis zur Erlangung einer Zivilisiertheit,
die – auf dem Fundament der Liebe bauend –
keiner Währung mehr bedarf,
mag es eine globale „Übergangswährung" geben.

2.3.2   Der höchste Wert des irdischen Geldes ist gering,
verglichen mit den Werten des Himmels:
Liebe, Wahrheit und Freude göttlicher Gegenwart.

2.3.3   Das Geld der neuen Währung ist Symbol
für die Energie der irdischen Verwirklichung.

2.3.4   Das Geld der Welt repräsentiert einen realen Wert.

2.3.5   Der Wert der neuen Währung
bemisst sich nach dem realen Wertzuwachs
durch die Arbeit auf dem Land, Meer,
mit den Tieren und Menschen.

2.3.6   Die höchste Priorität des irdischen Geldes ist,
der Mehrung des Reichtums der Himmel
unter den Menschen zu dienen.

2.3.7   Das Geld ist zugleich Verantwortung.

2.3.8   Der Reichtum des Landes, der Meere, Tiere
und Menschen gehört Niemandem,
sondern ist Leihgabe des Lebens.

3. DIE REGIERUNG DES FRIEDENS

3.1   Kein Mensch herrscht mehr
über einen anderen Menschen.

3.2   Das Licht der Wahrheit leuchtet im Erkennen
eines Jeden in ihm selbst.

3.3   Die Freude der göttlichen Gegenwart
ist in jedem Herzen gegenwärtig.

3.4   Die Liebe Gottes Selber wirkt das Heil.

Die Bedeutung dieser Prinzipien

Seit Jahrtausenden sind der Menschheit die universellen Prinzipien bekannt, deren bewusste Anwendung zweifellos schon eher zu einer höher entwickelten Menschheitszivilisation geführt hätte, wenn sie nicht von institutionellen Religionen vereinnahmt – und von kleingeistiger Wissenschaft verleugnet worden wären. Diese Prinzipien reichen bis in die Blütezeit des Ganzheitlichen Bewusstseins zurück und wurden als göttliche Geistesgabe bereits dem ersten Priester der Menschheit Henoch (der Urenkel Adams), beziehungsweise dem altägyptischen Thot (Hermes Trismegistos) als Wegweisung in ein vollkommeneres Sein geoffenbart. Diese universellen Prinzipien bilden die Grundlage dieses Manifestes einer zivilisierten Gesellschaft. Es ist nun unaufschiebbar an der Zeit, diese kosmischen Prinzipien in ihren Bedeutungen zu erkennen und zur geistigen Reifung des Individuums und der menschlichen Gesellschaft bewusst anzuwenden.
„Die Prinzipien des Friedensreiches" sind in Demut und mit Dank von der Liebe, Wahrheit und Freude Gottes - zur Wegweisung der Menschheit im 21. Jahrhundert – empfangen.

1.   VOM WESEN DES MENSCHEN

1.1.   Alles Leben im Universum wirkt der Geist. Das ewige Leben der menschlichen Seele ist Leben vom Leben des ewigen Geistes.

Was bedeutet das?

Diese Manifestation erläutert das erste der sieben hermetischen Prinzipien: „Das Prinzip der Geistigkeit": Alles ist Geist.

Es gibt Nichts außerhalb von Gott. Das göttliche Wesen ist Sich Selbst vollkommen bewusstes Höchstbewusstsein. Alles was ist, war - oder jemals sein wird - ist der göttlichen Allgegenwart in diesem Augenblick gegenwärtig.

Der göttliche Geist ist die Kraft des Lebens allen Lebens, das Licht allen Lichtes, die Liebe, Wahrheit und Freude wesenhaft. Er ist die Urschwingung, die alle Schwingungen des kosmischen und überkosmischen Seins in Bewegung versetzte und gleichfort in Bewegung erhält.

Die Entstehung des materiellen Universums und des Lebens geschieht nicht zufällig, sondern in der wahrhaftigen Absicht der Liebe Gottes, sich im Menschen ein geliebtes „Du" zu erschaffen. Dazu begabt Er den Menschen mit dem Geistfunken ewigen Lebens und überlässt es dem freien Willen des geliebten Wesens, sich - durch ein „Nein" zu seiner göttlichen Liebe - getrennt von Ihm im bipolaren Denken zu erfahren, oder durch das „Ja" zu Seiner Liebe mit Ihm wieder Eins zu werden.

Vor diese Entscheidung sieht sich der Mensch gestellt, seit er die Einheit mit Gott verließ - und insbesondere die Menschheit des 21. Jahrhunderts.

**1.2. Der Mensch ist das Bindeglied
zwischen Himmel und Erde.
Sein Körper ist aus dem Stoff der Erde
- das Pflanzen- und Tierreich ist in ihm,
so wie das Universum in ihm ist.**

Was bedeutet das?

Das materialistische Weltbild der unzivilisierten Menschheit war – trotz des theoretischen Wissens um die seelisch-geistige höhere Wirklichkeit des Menschen – im Allgemeinen von einer bloß körperlichen Identität geprägt. Der Mensch identifizierte sich mit seinem Körper – der Fahrer hielt sich für das Auto.

Nun erfährt der Mensch durch lebendige Selbsterfahrung sein seelisches und geistiges Wesen. Er erkennt jetzt nicht mehr nur verstandesgemäß, sondern spürt und fühlt seine seelischen Bewusstseinszentren bewusst und erfährt die Lebenskraft des Geistes als die Energie wahren Seins, Licht der Intuition und als Geschenk unstörbaren Frieden in seinem Herzen.

Auf diese Weise entdeckt der Mensch sich als göttliches Wesen in irdischer Inkarnation. Er erkennt, dass sein Körper vollkommene Entsprechung des Erdkörpers ist und zu gleichen Teilen wie die Erde aus Wasser besteht – wie auch alle anderen Substanzen der Erde in seinem Körper in gleichem Verhältnis vorhanden sind, denn er ist das Mental der lebendigen Erde.

Meditativ nimmt er den Nachhall der zig milliarden Jahre langen Evolution des Lebens in seinen seelischen Bewusstseinszentren wahr: vom atomaren und molekularen materiellen Aufbau der Erde im untersten Chakra physischer Entsprechung, über die vitalen Kraftzentren, die dem Entstehen des Pflanzen- und Tierreichs auf der Erde entsprechen – bis hin zu den mentalen Chakras, die von der Verwirklichung des kosmischen Mentals auf diesem Planeten zeugen. Über seine seelischen Bewusstseinszentren erfährt sich der Mensch mit dem stofflichen, vitalen und mentalen Sein des Universums resonierend verbunden. Er ist zugleich Bewohner der Himmel und der verwirklichende Geist der Erde.

Im Erleben der ewigen Gegenwart des geistigen Seins erkennt der Mensch, dass das äußere Universum nur das Spiegelbild seines inneren Universums im geistigen Zentrum seines Wesens – seinem Herzen – ist. In zunehmender Lichtwerdung seines Bewusstseins erfährt der Mensch sich in seiner Vollkommenheit, die er in Gott schon immer hatte.

1.3. Es ist EIN Mensch, der diesen Planeten bewohnt. Die Völker sind seine Organe und die Individuen die Zellen seines Körpers.

Was bedeutet das?

Wodurch wird der Bewusstseinswandel und die Transformation auf Erden bewirkt? Durch bessere Erkenntnis der bisher verleugneten ganzheitlichen Wirklichkeit; durch das Erwachen aus der Unverantwortlichkeit mit sich selbst und dem Leben auf der Erde; und durch die Überwindung der illusionären Verstandes-Herrschaft des bipolaren Denkens.

Dies betrifft insbesondere auch die Illusion, sich von Gott, dem Universum, der Welt und den anderen Individuen getrennt zu erleben.

Nicht nur wegen der genetischen Herkunft aller Menschen von einem einzigen Elternpaar, sondern auch wegen derselben zellularen Stofflichkeit aller Körper, die sich durch die Atmungsprozesse in ständigem Austausch befindet, ist die Menschheit ungeteilt EINS.

So wie sich die Körperlichkeit jedes Individuums aus Myriaden von Zellen zusammensetzt – jede einzelne mit eigener Fortpflanzungsfähigkeit, eigenem Energiesystem, Stoffwechsel und Individualbewusstsein – so setzt sich der Eine Mensch, der diesen Planeten bewohnt, aus milliarden Zellen mit eigenem Individualbewusstsein zusammen.

Daraus folgt unmissverständlich:

Weil die Menschheit unteilbar EINS ist, schadet Jemand, der einem Anderen schadet, zuallererst sich selbst. Wer einem Anderen Gutes tut, tut sich selber Gutes. Die Verinnerlichung dieser Gesetzmäßigkeit gestaltet die Erde von Heute auf Morgen zum Paradies um, weil alle danach streben einander bestmöglich zu dienen.

1.4. Das Lebensziel des Menschen ist das Erwachen zu seiner Göttlichkeit, die in ihm wohnt. Entsprechend der Verwirklichung des Himmels im Bewusstsein des Menschen ist seine Wirklichkeit auf der Erde beschaffen. Wie die Innenwelt des Menschen, so ist seine Außenwelt.

Was bedeutet das?

Diese Manifestation erläutert das zweite der Sieben hermetischen Prinzipien, „Das Prinzip der Entsprechung": „Wie oben – so unten. Wie unten – so oben". „Wie im Himmel – so auf Erden." oder „Wie innen – so außen".

Daraus folgt nicht etwa, dass der Himmel so destruktiv – wie derzeit noch die Erde - beschaffen sei, sondern die persönlichen Lebenserfahrungen und die irdischen Zustände so wie unser Himmel. Das heißt, da der Mensch heutzutage seiner Innenwelt und seines Himmels zumeist noch sehr entfremdet ist, können auch die Zustände auf der Erde nicht anders sein, als sie sind.
Die Materialisierung des Bewusstseins kommt daher, dass die meisten Menschen sich ihres seelischen und geistigen Seins entfremdeten; der lieblose Umgang mit der Natur, Kreatur und den Mitmenschen daher, weil er sich selber nicht lieben kann.
Finden wir die Liebe in uns wieder, werden wir auch unseres vergessenen Himmels gewahr – und („Wie innen – so außen.") sich unsere irdische Welt zum Ort gelebter Liebe und Freude umgestalten.

1.5. Aus der Perspektive ganzheitlichen Bewusstseins lösen sich die scheinbaren Gegensätze des bipolaren Denkens auf.

Was bedeutet das?

Dieses Wort deutet das hermetische „Prinzip der Polarität".

Die Einswerdung des Menschen mit sich selbst setzt die Transformation seines bipolaren Denkens voraus. Die bisherige Vorstellung von einer Gegensätzlichkeit und einem Widerstreit der Pole erweist sich als Trugschluss des veralteten, unzivilisierten und unbewussten Denkens, das die Wirklichkeit mit der Folge des Sich-getrennt-Erlebens verkennt.
Es gibt keine voneinander getrennten Pole, die in konkurrentem Widerstreit seien. Vielmehr bedingt der eine Pol den anderen, kann der eine ohne den anderen nicht sein. Es gibt kein Plus ohne Minus.
Das Verkennen dieser Tatsache hatte schon immer die Verdrängung eines Teiles der Wirklichkeit und eine Bewusstseinsspaltung zur Folge, die sich nicht nur in den Beziehungen zwischen Frau und Mann, im politischen System widerstreitender Parteien und einem asozialen Konkurrenz-

Verhalten auswirkte, sondern als Relikt eines rückständigen Schwarz/Weiß-Denkens immer auch Ursache aller Kriege der Menschheit war.

1.6. Das Universum ist durch Schwingung in Bewegung versetzte Bewusstseinskraft.
Alles schwingt in rhythmischer Ordnung.

Was bedeutet das?

Dieser Leitsatz verbindet die beiden hermetisch-kosmischen Universalprinzipien: „Das Prinzip des Rhythmus" und „Das Prinzip der Schwingung", weil das Wesen des Rhythmus Schwingung und das Wesen der Schwingung Rhythmus ist.
Das Universum ist energetische Schwingung von Bewusstsein, Licht und Klang in rhythmischer Ordnung.

Zu Zeiten der Industrialisierung hielt man aufgrund der mechanischen Erfindungen des ausgehenden 19. Jahrhunderts das Universum und den Menschen für eine Maschine („The human machine"); im Chemiezeitalter für eine Retorte und im digitalen Zeitalter für einen Computer. Inzwischen weiß man aufgrund der Erkenntnisse der Quantenphysik, dass das Universum und der Mensch Schwingung = Bewusstseinsenergie ist. Die Funktionen jeder einzelnen Körperzelle werden durch Licht (Biophotonen) gesteuert. Hielt man die Licht-geschwindigkeit bislang für die schnellste Bewegung im Raum, entdecken Physiker inzwischen Überlicht-Geschwindigkeiten, und manche postulieren für die Schnelligkeit der Gedanken gar eine vielfache Licht-Geschwindigkeit.
Jeder Bewusstseinszustand – ob Tiefschlaf, Traumphasen, Wachbewusstsein, Meditation, Erregung oder Erleuchtung – ist in Hertz messbare Schwingung bestimmter Wellenlänge. Schwingung ist die zielgerichtete Bewegung von Bewusst-seinskraft. Die Vorstellung, es gäbe feste Körper oder starre Materie ist eine Illusion. Jedes einzelne Atom eines Gegenstands ist ein Sonnensystem ähnliches Schwingungs-Mobile, in dem planetenartige Atomteilchen in geordnetem

Rhythmus um den sonnenartigen Atomkern kreisen. Zwischen den rhythmisch kreisenden Elementarteilchen ist proportional soviel Raum wie zwischen den Planeten des Sonnensystems.
Auch Materie ist Geist – „verdichteter" Geist (oder wie Albert Einstein erkennt: $E=MC^2$). Beschaute man die atomaren und molekularen Elementarteilchen in immer höherer Auflösung durch ein Elektronenmikroskop, käme man irgendwann an den Punkt, wo sie aufhörten Materie zu sein und in Schwingung übergehen. Also erkennen wir, dass der reduktionistisch klingende Satz: „Alles ist Schwingung" tatsächlich der Wahrheit entspricht.
Die Schwingungswirklichkeit der „Matrix des Lebens" ist ein morphogenetisches Energiefeld interagierender Schwingungen aller Wellenlängen, das in vollkommener mathematischer, geometrischer und harmonikaler Ordnung von der mikro-kosmischen in die makro-kosmische Unendlichkeit reicht. Dies zeugt von einer schöpferischen Planhaftigkeit, die niemals ein blinder Zufall hätte wirken können, und weist einmal mehr auf die Liebe Gottes als den ersten Beweggrund aller Bewegung.

Alles ist Schwingung.
Alle Schwingung ist Energie.
Alle Energien sind geistig.
Aller Geist geht aus von Gott.
Alles hat Sinn und Plan.

1.7. Nichts geschieht zufällig. Jede Erscheinung hat einen Grund und jede Wirkung eine Ursache.

Was bedeutet das?

Auch diese Manifestation ist ein kosmisches Gesetz und geht auf das hermetische Universalprinzip von „Ursache und Wirkung" (Karma) zurück.

Ein Arzt, der nur die äußeren Symptome behandelt und die eigentliche Ursache der Krankheit nicht erkennt, wird dem Kranken vielleicht kurzfristige Linderung verschaffen - ihn aber nicht heilen können.

Eine Wissenschaft, die nur die materiellen Erscheinungen als Gegenstand ihrer Forschung anerkennt, kann nur ein äußerliches Wissen von Daten ansammeln, aber keine Vorstellung von den Zusammenhängen der ganzheitlichen Wirklichkeit gewinnen. Die bloß äußerliche Betrachtungsweise ist Merkmal einer unzivilisierten Gesellschaft, die nur das glaubt, was sie sieht und ihr wahres seelisches und geistiges Sein vergessen hat.

Was man mangels Verstandeserklärung für die sich vollziehenden Gesetzmäßigkeiten gemeinhin `Zufall´ nennt, ist – laut dem „Gesetz von Ursache und Wirkung", das jedes ursachenlose Geschehen ausschließt – immer die Wirkung einer Ursache. Möglich, dass diese Ursache (beispielsweise einer Krankheit) in unbewussten Seelentiefen verborgen liegt oder ihren Grund in karmischen Verstrickungen aus Vorleben hat: Nichts geschieht ohne Grund.

Die Geburt eines Kindes in genau jene sozialen und gesellschaftlichen Familienverhältnisse, die Wahl des Partners, Berufes, Stationen des Lebens: kein Zufall sondern Seelenplan. Begegnungen, Erfolge, Misserfolge, Glück oder Unglück: weder im Guten noch im Schlechten gibt es Zufälle. Alles hat immer mit uns selbst zu tun. Alles geschieht im äußeren Spiegel des inneren Seins als seelisch verordneter Antrieb zur letztlichen Verwirklichung der Selbstwerdung des Menschen.

Weil der Mensch für sich selbst verantwortlich ist, hat jeder seiner Gedanken und Taten eine Konsequenz. Vielleicht erinnert er sich gar nicht mehr, dass er diesen Gedanken aussendete, dessen Schwingungen nun zu ihm zurückkehren. Gäbe es diese Resonanz auf unser Tun nicht, sondern geschähe uns - was geschieht – „zufällig", gäbe es weder eine kosmische Ordnung, noch einen Seelenplan zur Bewusstseinsreifung der Wesen. Dann wäre das Universum chaotisch und der Mensch - ohne Verantwortlichkeit für seine Willensentscheidungen – ein tumber Spielball blinder Gewalten.

1.8. **Alles Leben erscheint zur Fortpflanzung
in weiblich und männlich verschiedener Form
und ist doch unteilbar EINS.**

Was bedeutet das?

Diese Aussage gründet auf dem siebten der Sieben
Universalprinzipien des Hermes Trismegistos: „Das Prinzip des
Geschlechts".

Dieses Prinzip beschreibt nicht nur in knappster Form das
Geheimnis der Fortpflanzung allen Lebens, sondern erklärt auch
die scheinbar widersprüchlichen Gefühlswelten von Mann und
Frau als einander ergänzendes und erfüllendes Yang und Yin.
Das Weibliche ist das Zentrum des Männlichen – und das
Männliche ist das Zentrum des Weiblichen.
Und ein tieferes Geheimnis noch enthüllt uns dieses Wort:
Das körperliche Herz des Menschen hätte nicht zwei Kammern,
die männlich und weiblich symbolisieren, wenn nicht das
göttlich-geistige Herz Selbst - als `Plus und Minus´, `Innen
und Außen´, `Schöpfer und Schöpfung´ und zutiefst als `Ich
und Du´ – Urdualität wäre.
Das seelische Herz des Menschen, der aus dem Schatten seines
„Schein-Ichs" zum Erleben seines energetischen Wesens
erwacht, gewahrt die Urpolarität der Männlichkeit und
Weiblichkeit Gottes in sich. Es erkennt den Vater als die
Wahrheit des zeugenden Licht allen Lichtes, und die göttliche
Mutter, als die alles Leben gebärende und nährende Liebe.
In dieser ursprünglichsten Dualität liegt das ganze Geheimnis
unseres Seins. In der Vereinigung dieser beiden Pole finden wir
unser göttliches Wesen. Es ist das Bild des zweigeeinten
Herzens, das uns das Geheimnis des ewigen göttlichen Wesens
in uns selbst offenbart. Denn Gott selber ist männlich und
weiblich. Das ist die ursprünglichste Wirklichkeit aller Analogie
und der tiefste Grund unserer Sehnsucht nach vollkommener
Vereinigung: Die Einswerdung unseres erschaffenen Wesens
mit unserem schöpferischen Sein; die Einswerdung mit uns
Selbst in, durch und zu Gott.
So ist diese innigste duale Herzensbeziehung die einzig wahre
und heiligste, zu der wir niemand Anderen benötigen, als nur

das Gewahrsein der Liebe Gottes in unserem eigenen Herzen. Dort erfahren wir den Grund und das Ziel des Lebens lebendig in uns Selbst: Eins geworden – wahrhaft Eins geworden mit Gott in uns selber.

1.9. **Für jedes Lebewesen im Universum ist gesorgt. Es ist für Jeden alles Erforderliche im Überfluss da.**

Was bedeutet das?

Sollte der Schöpfer des Alls, der genug Energie für alle Sonnen des Universums hat, nicht genug Kraft haben, für Seine Kinder zu sorgen? Sollte der Schöpfer der Erde, der Frucht für jedes Lebewesen wachsen lässt, Seine Kinder vergessen haben? Sicher nicht.
Das Problem liegt nicht in einem Mangel an Energie – nein, wir sind von unerschöpflichen Energien umgeben - sondern in der Unfähigkeit diese Energien abzurufen – beziehungsweise in der Unkenntnis, diese Energien richtig zu gebrauchen. Auch dies ist ein Merkmal einer unzivilisierten Gesellschaft.
Dass sie uns dienen, dazu stehen alle Kräfte bereit. Es ist ihre Aufgabe sich uns zu schenken – und sie tun es auch, indem sie auf jeden unserer Gedanken postwendend reagieren: kaum äußert ein Mensch einen Gedanken (den er selber vielleicht gar nicht als solchen bewusst wahrnimmt) – und schon beantwortet die Verwirklichungsenergie ihn mit der Erfüllung seines Inhalts. Wie sollte sie auch anders? Ihre Aufgabe ist die innerliche Erwartungshaltung zu reflektieren. Wir empfangen, was wir aussenden. Die Energien können einem Menschen entgegen seiner Glaubensvorstellung von Wirklichkeit gar nichts beschaffen, weil dies dem kosmischen Resonanz-Gesetz widerspräche.

Letztendlich sind alle empfundenen Mangelerscheinungen auf einen einzigen Grund zurückzuführen: Den Mangel an Vertrauen in die Liebe. Vertrauten wir wirklich der Fürsorge der Liebeführung: alles müsste uns zum Besten gereichen. (Unbesorgt: letztlich wird uns durch die Liebeführung sowieso alles zum Besten gereichen – wenngleich es an uns liegt mögliche Umwege zu verkürzen).

Es ist der Wunsch nach materiellen Gütern, irdischen Schätzen, weltlichem Erfolg und dergleichen ein bevorzugtes Wunschsortiment einer materialistisch orientierten Menschheit, die von den wahrhaft wünschenswerten Werten einer zivilisierten Menschheitsgesellschaft noch kaum eine wirkliche Vorstellung hat.
Anders wusste beispielsweise die menschliche Hochkultur der Alten Ägypter diesbezüglich, dass - über die Verwirklichung der körperlichen Bedürfnisse hinaus – der geistige Mensch seine Seele mit seelischer und seinen Geist mit geistiger Nahrung nährt:

> *„Mein Körper wird genährt von den Dingen der Erde,*
> *mein Geist von den Dingen des Herzens…"*
> (Ägyptisches Totenbuch)

1.10. **Jeder Mensch ist verantwortlich nur für sich selbst.**

Was bedeutet das?

Die zivilisierte Gesellschaft der „Neuen Erde" wird eine Gemeinschaft freier, selbstbestimmter Individuen sein.

Die Erlangung einer höheren Entwicklungs- oder Zivilisations-Stufe der Menschheit setzt einen allgemeinen Bewusstseins-Prozess voraus, der nicht von einer weltlichen Macht oder Regierung verordnet werden, sondern nur durch bessere Erkenntnis des Einzelnen freiwillig vollzogen und verwirklicht werden kann.
Gleich ob es sich um eine offensichtliche Willensunterwerfung durch Herrscher, Regierungen und Dienstherren handelt, oder um eine weniger offensichtliche Willensmanipulierung durch Vortäuschung falscher Tatsachen von Medien und Parteien: Es ist das Merkmal einer unzivilisierten Gesellschaft, dass Menschen ihres Rechts auf Selbstbestimmung und der Kraft zur

182

freien Entscheidung – ja, der Freiheit ihres Willens beraubt werden. Dabei ist es gleich, ob die Unterdrückung der Persönlichkeit mit Mitteln der Gewalt und Erpressung, durch Ausnützen von Notlagen oder mit Geld erfolgt: Niemand hat das Recht einen Anderen zu regieren. Auch nicht, um ihn zu seinem vermeintlichen Glück zu zwingen.

> *„Ich tue, was ich tue, weil ich es will,*
> *nicht weil ich es muss."*

Die Selbstverantwortlichkeit eines Menschen ist keiner weltlichen Instanz Rechenschaft schuldig, sondern allein der Wahrheit und Liebe verpflichtet.

Dies ist keine Anarchie, wie manch einer argwöhnen mag, sondern - als gegenseitige Anerkennung der freien Selbstbestimmung der Individuen - die höchste Form gesellschaftlichen Miteinanders.

„Aber", so könnte nun jemand fragen, „ist das nicht purer Egoismus, wenn jeder nur noch macht, was er will?" Nein, das Gegenteil ist der Fall. Denn wer wirklich die Verantwortung für sich selbst übernimmt, ist sich auch seiner Verantwortung den Anderen gegenüber bewusst. Er weiß um die Verbundenheit mit den Anderen, weil die Selbstverantwortung auf der lebendigen Erfahrung des kosmischen Resonanzgesetzes gründet, dass - was man aussendet - zu einem selbst zurückkehrt. Dies beinhaltet die gelebte Erkenntnis, dass man sich nur selber schadet, wenn man jemand Anderem Schaden zufügt.

Diktatur und Demokratie sind abgeschafft. Jede Form von Staatlichkeit und Obrigkeit ist überwunden. Das geflügelte Wort einer rückständigen Machtgesellschaft: „Vertrauen ist gut – Kontrolle ist besser", wandelte sich in „Kontrolle ist gut – Vertrauen ist besser", denn nun ist Vertrauen das oberste Gesellschaftsprinzip. Vertrauen in die Führung der liebenden Lebenskraft, die kein höheres Ziel hat, als jedes Individuum zu seiner Vollkommenheit zu führen; Vertrauen zu sich selbst; und gegenseitiges Vertrauen der Menschen untereinander. Es gibt keine staatlichen Kontrollinstanzen mehr, keine steuerlichen Offenlegungen, keine Schulden, keine Zinsen, keine Polizei und kein Militär...

Anders als der früher vorgetäuschte Schein-Reichtum der Diktatur des Kapitals, der nur Wenigen nütze, Viele verarmen ließ und den Planeten rücksichtslos ausbeutete, sind die Menschen nun wirklich sorglos und reich, weil Jedem Alles und zugleich Nichts gehört. Anders als die früher vorgetäuschte Scheingleichheit der Genossen kommunistischer Staatsgebilde, sind die Menschen nun wirklich brüderlich und gleich. Anders als die früher vorgetäuschte Schein-Souveränität der Bürger demokratischer Staatsgebilde, ist der Mensch nun wirklich souverän und frei.

Die Ausübung einer Herrschaft über einen Menschen oder ein Volk entmündigt den Menschen oder das Volk. Die Folgen dieser Fremdherrschaft für den Beherrschten und den Beherrschenden sind unabsehbar. Der Erstere verliert seine Identität und Selbstachtung (mit der Folge von Kompensationshandlungen, die ihrerseits Andere zu beherrschen suchen) – und der Zweite steigert sich in Zustände eines verantwortungslosen Machtwahns (der nicht selten in der Geschichte zu Kriegen führte). Daraus erklärt sich schon, woher zumeist das unzivilisierte Streben nach Beherrschung Anderer kommt: es sucht eine Missachtung der Souveränität zu kompensieren, die der Herrschende als Beherrschter selbst einmal erlitten hat. Denn die Unterdrückung der Persönlichkeitsrechte birgt ein explosives Potenzial, das sich auf diese Weise von Generation zu Generation fortpflanzt.

Eine weitere Folge von Missachtungen der persönlichen Entscheidungsfreiheit ist die zunehmende Unfähigkeit zu selbständigem Denken. Da man konditioniert wurde, dass Andere einem sagen, was zu tun ist und wie man es zu tun hat, erschlaffen die Kreativität und Lebensfreude – bis man schließlich nicht mehr selber lebt, sondern „gelebt wird". Dies kennzeichnet in überaus treffender Weise den Zustand von Unzivilisiertheit.

In gleicher Weise ist Intoleranz gegenüber Anderen ein Symptom von persönlicher und gesellschaftlicher Rückständigkeit, die gewohnt ist über die Andersartigen zu urteilen und zu richten, indem die eigenen Maßstäbe (die oft genug Kompensationen eigenen Unwertgefühls sind oder als Verdrängungen in unbewältigten Konditionierungen gründen) bei den Anderen angelegt werden. Auf diese Weise entstehen „militante" Vegetarier, Nichtraucher, Tierschützer ..., die den

Anderen ihr „Bessersein" aufzwingen wollen – und damit deren Freiheitssphäre verletzen.

Es mag sein, dass Rauchen schädlich ist – und zweifellos ist der derzeitige Umgang mit der lebensverwandten Kreatur zur „Produktion" von Fleisch dem fühlenden Menschen ein herzzerreißendes Gräuel, jedoch ist es sicher kein Ausdruck von Reife, in die freien Entscheidungsrechte eines Menschen einzugreifen und ihn ob seiner vermeintlichen Schwäche zu verurteilen und zu diskriminieren. Wer bestimmt die Grenze dessen, was tolerierbar ist und was nicht? Zudem wird durch Verbot oder Diskriminierung nicht wirklich Einsicht erzeugt, sondern oft nur das Gegenteil bewirkt.

Wahrscheinlich wird es auf dem Weg der Menschheit zur Zivilisiertheit irgendwann dazu kommen, dass kein Mensch mehr das Fleisch anderer Lebewesen isst, aber man kann Niemandem eine bessere Erkenntnis aufzwingen, sondern schafft dadurch nur neues Konfliktpotenzial der Verdrängung und Unverantwortlichkeit. Zumeist hat der intolerante Kampf gegen Andersdenkende nur darin seinen Grund, weil der Urteilende - sich selbst unterdrückend – das versagt, wozu ein Anderer sich „frecherweise" die Freiheit nimmt.

Die beste Art der Überzeugung zu Besserem ist immer noch das absichtslose Vorleben und die liebevolle Annahme.

Der Mensch ist selbst verantwortlich für seine Gedanken und erkennt die Verantwortlichkeit für sein Tun. Negative Gedanken erzeugen negative Resonanz und positive Gedanken erzeugen positive Resonanz. Mit seinem Handeln schafft er sich als „Gärtner seines Lebens" verantwortlich seine persönliche Welt.

Niemand macht mehr einen Anderen verantwortlich für sein Tun oder will für jemand Anderen die Verantwortung übernehmen. Denn die Eigenverantwortlichkeit des Menschen und die Freiheit seiner Entscheidung ist der zivilisierten Menschheit heilig.

Sieht Jemand, dass ein Anderer etwas unternehmen will, was ihm oder Anderen sicher schaden würde, so weise er ihn darauf hin. Hört er nicht auf den Rat, so lasse man ihn, denn:

„Des Menschen Wille ist sein Himmelreich."
(Johann Jakob Wilhelm Heinse, 1746 - 1803)

Er hat die Folgen seines Handelns selber zu tragen.

1.11. Die Verwirklichung der persönlichen Fähigkeiten ist die vornehmlichste Lebensaufgabe des Menschen. Weil seine Selbstverwirklichung den größtmöglichen Nutzen für die Gesellschaft bringt, unterstützt sie den Einzelnen dabei.

Was heißt das?

Anders als in der noch unzivilisierten Menschheitsgesellschaft, die sich die Menschen zu ihrem Bedarf formen wollte und im Interesse einer kapitalistischen Marktwirtschaft aus- und verbildete, geht es der höher entwickelten Gesellschaft darum, die individuellen Talente des Einzelnen zu erkennen und ihm bei der Ausbildung seiner einzigartigen Fähigkeiten bestmöglich behilflich zu sein. Warum? Weil aus der freigesetzte Kreativität und Freude an der persönlichen Selbstverwirklichung des Individuums insbesondere die Gesellschaft den größten Gewinn zieht. Denn es ist ja eine Selbstverständlichkeit, dass die Produktivität eines glücklichen Menschen ungleich viel größer ist, als die eines fremdbestimmten, lustlosen Arbeiters, der seine Lebenszeit – der Not gehorchend – verkaufen muss.

Der selbstbestimmte Mensch entfaltet in freier Persönlichkeits-Entwicklung seine einzigartigen Fähigkeiten inspiriert und kreativ. Auf diese Weise wird er für das Gemeinschaftswesen - zur Freude Aller - die größte Nützlichkeit entfalten.

1.12. Über die individuelle Persönlichkeitsverwirklichung hinaus ist jede Arbeit freiwillig und eigenverantwortlich.

Was heißt das?

Die höchste Priorität jedes Individuums ist die persönliche (und damit auch gesellschaftliche) Verwirklichung der immateriellen Werte des Himmels in seinem Leben.
(Siehe 2.1.1 und 2.1.2)

Jeder Mensch <u>darf</u> – über die eigenverantwortliche Arbeit an sich selber hinaus – arbeiten auf dem Land, Meer, mit Menschen, Tieren oder Geld. Niemand <u>muss</u>.
(Siehe 2.2.2 bis 2.2.5)

Wer arbeiten möchte – nimmt freiwillig eine Verantwortung gegenüber dem Gemeinwohl auf sich. Also definiert sich Arbeit – über die eigenverantwortliche geistige Bildung und Entwicklung des Einzelnen hinaus – als zusätzlich auf sich genommene Verantwortung gegenüber dem Wohl der Allgemeinheit.

2. DAS AMT DES MENSCHEN

2.1. Der Reichtum der Himmel

2.1.1 Der Reichtum der Himmel ist heilig.

Was bedeutet das?

Die Reichtümer der Himmel sind im Besonderen:
Das bewusste Sein in der göttlichen Gegenwart;
die Verwirklichung der göttlichen Liebe im Leben;
die Erkenntnis im Licht der Wahrheit
und die Freude der Glückseligkeit.

2.1.2 Das höchste Ziel des Menschen ist die Erlangung himmlischen Reichtums.

Was bedeutet das?

Der erwachte Mensch der Neuen Erde
weiß um die Ewigkeit seiner Seele.
Weil für ihn der Aufenthalt im Körper auf der Erde
nur eine Schule zu weiterer Vollendung
auf dem Weg des Erwachens seiner Göttlichkeit ist,
sucht er „die ewigen Schätze des Himmels" mehr,
als vergänglichen irdischen Reichtum.

2.2. **Der Reichtum der Erde**

**2.2.1 Der Reichtum der Erde schöpft
aus dem Reichtum des Universums,
der unerschöpflich ist.
An materiellen Werten ist genug für Alle da.
Niemand muss hungern oder frieren.**

Was bedeutet das?

Ohne das Ressourcen verzehrende Konkurrenzdenken der noch unzivilisierten Menschheitskultur werden allein durch die Beendigung vertriebsstrategischen Denkens (Sollbruchstellen, Verhinderung gemeinnütziger Erfindungen und sinnvoller Normungen ...) und destruktiver Investition (zum Beispiel Militär- und Rüstungsausgaben) unermessliche Wertzuwächse freigesetzt. Die hergestellten Gegenstände des Bedarfs müssen nicht mehr kaputt gehen, um den Fabrikanten ihre Absätzmärkte zu erhalten. Jetzt schont ein verantwortlicher Umgang mit den Ressourcen die Umwelt und schafft Gegenstände von bislang unbekannter Schönheit und Güte.
Allein das Ende der Dominanz der pharmazeutischen und petrochemischen Marktdiktatur wird - sowohl ökonomisch wie ökologisch nützlich – zahllosen bislang unterdrückten Alternativen Raum schaffen, die nicht nur effizienter und preiswerter, sondern zugleich auch nachhaltiger und gesünder sind. Erfindungen, deren sinnvolle Anwendung bislang von kapitalistischen Egoismen unterdrückt wurden, finden nun segensreiche Anwendung zur Förderung des Reichtums Aller.
Auf diese Weise sind die Ernährungs- und Energieprobleme der Menschheit nachhaltig gelöst. Somit ist das Individuum der Sorge um die Beschaffung des lebensnotwendigen täglichen Bedarfs enthoben und von fremdbestimmter Arbeit befreit.
Eine der Haupttätigkeiten der zivilisierten Gesellschaft wird darin bestehen, den Reichtum der Erde gerecht zu verteilen. Weil die Früchte des Landes - anstatt mit Kunstdünger und Pestiziden - durch liebevolle Schwingungsenergien im Einklang mit den Kräften der Himmel reifen, sind sie von bislang nie gekannter Qualität. Weil die Menschen ihre Nahrung mit Dank

zu sich nehmen, ist sie stärkender und nahrhafter, als sie in der unzivilisierten Zeit jemals war. Das gesegnete Wasser ist so energetisiert und rein, dass – wer es trinkt (gleich ob Pflanze, Tier oder Mensch) nicht nur auf köstlichste Weise seinen Durst stillt, sondern zugleich körperlich, seelisch und geistig gestärkt wird, denn der Mensch der Neuen Zeit wird im Einklang mit den kosmischen Energien sein. Er lebt in bewusster Gegenwart der Naturgeister, die ihm beim Anbau der Früchte des Landes und der Meere helfen; er pflegt Umgang mit den Lichtwesen des Himmels und hat Kontakt zu den jenseitigen Reichen der Ahnen. Vor allem aber weiß er um die Kraft des Gebets, denn er resoniert mit den Kräften der Himmel, ja, er steht mit Gott selber im direkten Gespräch.

2.2.2 Wer vom Land etwas haben will, soll dem Land geben und Schützer des Landes sein.

Was ist das Land?

Die Elemente und Atome, Stein und Metall, Erde und Lehm, Kräuter und Gräser, Blumen und Sträucher, Obst und Gemüse, Getreide und Reis, Gärten und Äcker, Wiesen und Felder, Bäume und Wälder, Berge und Täler; die Samen aller Pflanzen und alles, was auf und in der Erde wächst.
Die Arbeiter des Landes sehen die Wunden des Landes (die insbesondere die Unbedachtsamkeit der Unzivilisiertheit schlug) und heilen sie mit dem Fleiß ihrer Hände und den Energien des Universums, die sie mit der Kraft ihrer Herzen zu Hilfe rufen. Ihnen stehen die Naturgeister der Erde und die Kräfte der Himmel bei.
Wer die Früchte des Landes ernten will, muss zuvor säen und die Saat pflegen. Sie haben auf das Land den Segen der Himmel herabzubitten, dass es regne und die Sonne scheine zur rechten Zeit. So wird das Land erblühen und gute Frucht tragen, denn Geben und Nehmen sind Eins.
Der Lohn der Arbeiter am Land ist – über die gesellschaftliche Versorgung mit allem, was sie zum Leben brauchen hinaus - der Dank der Erde und die Freude am Gedeihen.

2.2.3 Wer vom Meer etwas haben will, soll dem Meer geben und Schützer des Meeres sein.

Was ist das Meer?

Wolken und Nebel, Regen und Tau, Quellen und Bäche, Flüsse und Seen, Ströme und Ozeane, der Tropfen im Meer und das Meer im Tropfen.
Plankton und Algen, Muscheln und Korallen, Seesterne und Krebse, Schalentiere und Fische, Delphine und Wale, und alles, was im und vom Wasser lebt.

Die Arbeiter des Meeres sprechen mit den Wassern und sie werden verstanden, weil sie selber Wasser sind. Ihre Arbeit besteht zunächst darin, die Brunnen, die durch die Unachtsamkeit der unzivilisierten Menschheit vergiftet wurden, zu heilen – die verschmutzten Meere zu reinigen – und die leergefischten Ozeane neu zu beleben.
Ihre Aufgabe besteht darin, im Einklang mit den Energien des Universums den Segen der Himmel herabzubitten, damit das Wasser allem Leben zum Segen gereicht. Auf diese Weise wird das Wasser den Menschen wieder zur Quelle der Kraft, denn Geben und Nehmen sind Eins.
Der Lohn der Arbeiter am Meer ist – über die gesellschaftliche Versorgung mit allem, was sie zum Leben brauchen hinaus - der Dank des Meeres und die Freude am Gedeihen.

2.2.4 Wer von den Tieren etwas haben will, soll den Tieren etwas geben und Schützer der Tiere sein.

Was sind Tiere?

Zellen des Lebens, Wesenheiten Gottes und Seelen auf dem Weg zu ihrer Vervollkommnung.

Insekten aller Arten, Lurche und Schlangen, kleine und große Säugetiere, die Vögel der Lüfte und alle beschuppten, behaarten und gefiederten Brüder und Schwestern des Menschen.

Jene Menschen, die mit den Tieren arbeiten, werden mit den Tieren sprechen und von diesen verstanden werden, weil die Reiche der Tiere als Erfahrungswelten in ihnen lebendig sind. Jene werden zunächst das gestörte Vertrauen, das - durch die eigennützige und verantwortungslose Ausbeutung einer unzivilisierten Menschheit - eine tiefe Kluft zwischen Tieren und Menschen geschlagen hat, zu heilen haben.
Es wird eine Zeit dauern, ehe der jahrtausendalte Jagdtrieb im kollektiven Unterbewusstsein des Menschen – und die Angst der Tiere überwunden sein wird.
Solange wird die Natur die Bäume weiterhin in Überfülle blühen lassen, weil sie – ohne Absicht all diese Blüten zu Früchten gedeihen zu lassen – auch für die Insekten sorgt, die sich am Blütennektar laben; oder millionenfach Kaulquappen des Froschlaichs eines Teiches hervorbringen, ohne die Absicht millionen Frösche dort aufwachsen zu lassen, sondern vielmehr auch für die Fische und Vögel sorgt, die sich von den meisten dieser Kaulquappen nähren, deren Seelen - auf diese Weise schon früh von ihrem Körper befreit – weiterziehen auf dem weiten Weg zur Erlangung der Seelenreife einer vollkommenen Menschenseele.
Und solange wird es Menschen geben, die das Fleisch von Tieren essen – wenn auch mit dem großen Unterschied zum bisherigen gedankenlosen Fleischverzehr der unzivilisierten Menschheit, dass nun der Seele des Tieres gedankt wird und man ihr im Gebet zum Leben allen Lebens nun alles Gute auf ihrem weiteren Werdeweg wünscht.
Mit der zunehmenden Wiederherstellung des verlorenen Vertrauens werden die Tiere mehr und mehr ihre Scheu vor dem Menschen und zueinander verlieren, denn sie werden im Vertrauen die Angst überwinden, die sie durch die Blindheit des Menschen überkam, der sie gefühllos quälte und ihnen ohne Achtung ihrer Seelen das Leben raubte. Und der Mensch wird zunehmend das göttliche Individuum im Tier erkennen. Kein Mensch wird nun – da er im Tier die Schwester und den Bruder erkennt - mehr auf die Idee kommen, ein Tier zu jagen, zu

schlachten oder sein Fleisch zu essen. Und weil die Absicht zu töten, ursprünglich nicht Wesen des Tieres, sondern durch den unzivilisierten Menschen vorgelebt war, wird auch im Tierreich Friede einkehren wie es dereinst war, zu Zeiten des Paradieses:

> *„Wolf und Lamm sollen weiden zugleich, der Löwe wird Stroh essen wie ein Rind, und die Schlange soll Erde essen. Sie werden nicht schaden noch verderben auf meinem ganzen heiligen Berge, spricht der Herr."*
> (Jesaja 65,25)

Der Lohn der Arbeiter mit den Tieren ist – über die gesellschaftliche Versorgung mit allem, was sie zum Leben brauchen hinaus - der Dank der Tiere und die Freude an ihrem Gedeihen.

2.2.5 Wer von den Menschen etwas haben will, soll den Menschen geben und Priester der Menschen sein.

Was ist ein Mensch?

Der Körper des Menschen ist ein Tier. Die Seele des Menschen ist sein ewiges Wesen. Und der Geist des Menschen ist die Gegenwart Gottes in ihm.

Es mag sein, dass die Neue Menschheit eine Zeitlang noch geplagt sein wird von den sogenannten „Zivilisations-Krankheiten" der vorangegangenen Generationen, die eigentlich „Unzivilisations-Krankheiten" waren.
Die Heiler am Menschen wirken nicht mehr mit chemischen Substanzen, wie die unzivilisierte Gesellschaft vor ihnen, die nur auf die Symptome der Krankheiten – und nicht auf deren Ursachen zielten – und mehr den kapitalistischen Interessen der petrochemischen Pharmaindustrie als den Menschen nützten, die milliardenfach in Abhängigkeit gebracht wurden.
Die Ärzte im Dienst am Menschen werden sich der Pflanzen und Kräuter der Apotheke der Natur erinnern und den vergessenen

Schatz des fast verloren gegangenen Heilwissens heben und mit den Erkenntnissen der Heilung mit Schwingungsenergien – Licht und Klang - verbinden. Sie sehen den Menschen nicht nur in seiner Körperlichkeit, sondern erkennen sein seelisch-geistiges Wesen und seinen Lebens–Sinn und –Weg. Sie sind geistbegabte Heiler, durch die der göttliche Geist des Heiles selber mit den Schwingungen des Universums Heilung wirkt.
Auf diese Weise heilen die alten Wunden bald und gesundet der Mensch auf eine Weise, dass ihm das hoch betagte Alter keine Last mehr ist. Bis zur Reife seiner Zeit wird der Mensch sich ohne Schmerz und Leid seines Lebens erfreuen, bis er aus der Außenwelt in seine Innenwelt einkehrt, um dort für immer mit seiner Liebe Eins zu sein.

Die Schule der Neuen Zeit schult nicht mehr nur den Verstand, sondern lehrt insbesondere, das seelische Wesen zu finden und das Gemüt des Herzens zu bilden. Weise Lehrer, durch die das Licht der Wahrheit Gottes selber scheint, werden nicht nur die Kinder, sondern alle Menschen lehren, die Vollkommenheit in sich selbst zu finden. Denn obwohl die Neue Menschheit über alle Technologien verfügt, ist allen klar, dass Computer, Telefone, Flugzeuge und alle technischen Errungenschaften nur äußerliche Erscheinungsformen innerer Fähigkeiten sind, die es mit Freuden zu Kultivieren gilt: die wesentliche Erweiterung der bislang kaum zu einem Prozent genutzten Fähigkeiten des Gehirns ermöglicht telepathische Verständigung statt Telefonie; Astralreisen und Teleportation anstatt Reisen mit dem Flugzeug oder der Bahn... und andere Fortschritte der Realisierung geistiger Fähigkeiten, die dem Menschen bislang unbekannt waren.

Die Wissenschaft der Neuen Menschheit ist nicht mehr nur theoretisch und wie in früheren Zeiten in zahllose Fachgebiete zersplittert, sondern ganzheitlich und in lebendiger Erfahrung der mikro- und makrokosmischen Wirklichkeit. Der göttliche Geist, der früher – als nicht empirisch nachweisbar – in der Wissenserkenntnis ausgespart blieb, weiht die Studierenden des Lebens nun selbst energetisch in die Baupläne des Universums ein.

Die Rechtsprechung der Neuen Gesellschaft kennt – anders als
die bisherige unzivilisierte Gesellschaft - keinen Unterschied
mehr zwischen Recht und Gerechtigkeit. Überhaupt gibt es im
Unterschied zur früheren Juristerei nun ein ganz anderes
Verständnis von „Schuld" und „Strafe". Es wird nicht mehr nach
Schuldigen – sondern nach Ursachen gesucht und nach Wegen,
diese zu heilen. Es gibt keine Gesetzbücher mehr mit zahllosen
Paragraphen, die von Advokaten im Interesse ihrer Mandanten
spitzfindig ausgelegt werden, denn jeder Mensch trägt nun –
durch die direkte Verbindung mit seinem Gewissen - das Gesetz
lebendig in sich selbst.

> *„Man tut nichts Böses mehr*
> *und begeht kein Verbrechen*
> *auf meinem ganzen heiligen Berg;*
> *denn das Land ist erfüllt*
> *von der Erkenntnis des Herrn,*
> *so wie das Meer mit Wasser gefüllt ist."*
> (Jesaja 11, 9)

Der Lohn der Arbeit am Menschen ist – über die Versorgung
durch die Gesellschaft mit allem, was man zum Leben braucht
hinaus - der Dank der Menschen und die Freude der
Bereicherung bei der Begleitung von der einen in die andere
Welt des Seins, wo man sich von der Liebe geführt in der Liebe
wiederfinden wird.

 **DIE WIRTSCHAFTSORDNUNG
DER ERWACHTEN MENSCHHEIT**

Erläuterung:

Eine Reformation des (noch) herrschenden Weltwirtschaftssystems ist nicht möglich, sondern ein vollständiger Paradigmenwechsel und grundlegender Wandel der wirtschaftlichen und gesellschaftlichen Strukturen erforderlich. Auch hilft es nicht, das veraltete und überdehnte politische System durch ein neues politisches System zu ersetzen.
Wird dieser Kurswechsel nicht in allgemeinem Interesse der Menschheitsgemeinschaft und des Lebens auf der Erde durch besseres Erkennen in Freiwilligkeit vollzogen, wird ein gewaltsamer Wandel stattfinden, den Niemand wollen kann.
Die Erkenntnis, dass die bisherige Gesellschaftsstruktur manipulativ, fremdbestimmt und zutiefst menschen- und lebensverachtend war, führt zu einem radikalen Bruch mit dem (noch) bestehenden materialistischen System.
Wird den Kräften der Erneuerung, deren überfällige Verwirklichung immer noch von nationalen und persönlichen Egoismen verhindert wird, nicht durch besseres Erkennen freiwillig Raum zur Gestaltung einer zivilisierteren Gesellschaft gegeben, werden diese Kräfte wie eine Naturgewalt alles Hinderliche gewaltsam zerstören. Ob dies durch einen Dritten Weltkrieg, kosmische oder ökologische Katastrophen geschehen würde, liegt ebenso - wie die Möglichkeit des bewussten Zusammenwirkens mit diesen Kräften zugunsten einer mehr und mehr erblühenden Welt – in der freien Entscheidung der Menschheit.

Die meisten der Probleme - die über der Zukunft der Menschheit als „Damokles-Schwert" schweben - lösen sich, wenn die unzivilisierte Gesellschaft sich eines Besseren besinnt, durch die Wandlung der Gesellschaft im Einklang mit der Natur wunderbar wie von selbst:
Der Klimawandel wird dadurch bewältigt, dass die Emissionen durch fossile Brennstoffe auf nahe Null heruntergefahren werden, denn die zivilisierte Menschheit löst alle Energie-

Probleme, indem sie lernt, sich die emmissionslose „Freie Energie" nutzbar zu machen.

Das befürchtete Problem einer Überbevölkerung der Erde – und die damit verbundene Sorge, es sei nicht genug Nahrung oder Platz für alle da, löst sich - trotz höherer Lebenserwartung der Menschen – zum Einen durch einen bewusstseinsbedingten demografischen Wandel, da der Neue Mensch der spirituellen Entwicklung mehr Bedeutung beimessen wird, als der biologischen Fortpflanzung; und zum Anderen durch eine (früher kaum vorstellbare) Produktivitäts- und Effektivitäts-Steigerung einer nachhaltigen Landwirtschaft und Industrie. Dies wird dadurch erreicht, dass der Mensch nun nicht mehr „Ausbeuter" der Natur - sondern im Einklang mit ihr und den kosmischen Schwingungsenergien - ihr Schützer ist.

2.3.1 Bis zur Erlangung einer Zivilisiertheit, die – auf dem Fundament der Liebe bauend – keiner Währung mehr bedarf, mag es eine globale „Übergangswährung" geben.

Was bedeutet das?

Im Unterschied zu dem Geld der unzivilisierten Gesellschaft der Diktatur des Kapitals, dem der Mensch zu dienen hatte, dient nun das Geld dem Menschen.

Jeder Mensch erhält bedingungslos – ohne sich dafür vor irgendwelchen staatlichen Behörden rechtfertigen oder sich entblößen zu müssen – einen menschheitsrechtlich verbürgten Anteil am globalen Bruttosozialprodukt der Weltwirtschaft in Form eines regelmäßigen Betrages in der Übergangswährung, mit dem er alle Bedürfnisse des Lebens erfüllen kann.

Da das Geld ganz allgemein – und ebenso auch das Geld dieser Übergangswährung – nur ein Verrechnungsmittel zur Vereinfachung von Tauschgeschäften ist, wird sich in einer Gesellschaft, die auf den Werten gegenseitiger Achtung und Liebe aufbaut, schließlich jede Währung erübrigen, da niemand mehr persönliche Bereicherung – sondern das Wohl aller suchen wird.

2.3.2 Der höchste Wert des irdischen Geldes ist gering, verglichen mit den Werten des Himmels: Liebe, Wahrheit und Freude göttlicher Gegenwart.

Was bedeutet das?

Die Zivilisation des Neuen (oder erwachten) Menschen strebt keine Anhäufung materieller Güter oder Geldes an, weil sie um die wahren, unvergänglichen Werte eines sinnerfüllten Lebens und die Bedeutung der Erlangung spiritueller Vollkommenheit weiß. Das Streben nach diesen immateriellen geistigen Werten wird allgemein als das eigentliche und höchste Ziel erkannt.
Da man weder Freude, Liebe, Wahrheit – noch die göttliche Gegenwart kaufen kann, bleibt der Wert des materiellen Geldes verhältnismäßig gering.

2.3.3 Das Geld der neuen Währung ist Symbol für die Energie der irdischen Verwirklichung.

Was bedeutet das?

Weil das Geld (im Unterschied zum Geld der unzivilisierten Gesellschaft) kein Selbstzweck mehr ist, dient es nur noch als Verwirklichungsenergie für die Realisierung irdischer Projekte. Es ist nicht wie früher die Energie der irdischen Verwirklichung selbst, sondern als quantitatives Verrechnungsmittel nur das Symbol der irdischen Verwirklichung.
Auch trägt das Neue Geld keine Zinsen – sondern verliert viel mehr, wenn es nicht genutzt wird, beständig an Wert.

Darüber hinaus hat das Geld – entsprechend der „Währung der Liebe" - der Verwirklichung des höheren Zieles der Erlangung der Werte des Himmels zu dienen.
(Siehe 2.3.2 und 2.3.6)

2.3.4 Das Geld der Welt
   repräsentiert einen realen Wert.

Was bedeutet das?

War das Geld früherer Kulturen an einer Werthaltigkeit
gebunden (wie zumeist die Golddeckung des ausgegebenen
Geldes), zeichnete sich die Geldwirtschaft der unzivilisierten
Diktatur des Kapitals dadurch aus, dass der Wert des
ausgegebenen Geldes durch keinen echten Wert mehr gedeckt
war. In Wirklichkeit hatte das Geld keinen Wert mehr – sondern
war nur noch bedrucktes Papier, beziehungsweise weitgehend
fiktives Spiel mit digitalen Zahlen.
Der Wert des Geldes der zivilisierten Gesellschaft ist wieder
durch echte Werthaltigkeit gedeckt: Der Wert des Geldes
richtet sich nach dem tatsächlich erwirtschafteten Bruttosozialprodukt der globalen Weltgesellschaft.

2.3.5 Der Wert der neuen Währung bemisst sich
   nach dem realen Wertzuwachs durch die Arbeit
   auf dem Land, Meer, mit Tieren und Menschen.

Was bedeutet das?

Der Wert der Gemeinschaftswährung ist hoch, wenn es dem
Land, Meer, Mensch und Tier gut geht; der Wert des Geldes der
Zivilisation ist gering, wenn es dem Land, Meer, Tier und
Mensch schlecht geht.
Je mehr die globale Menschheitsgesellschaft erwirtschaftet,
umso höher ist der Wert des Geldes – und umso höher ist der
Wert des Freibetrages für den Einzelnen. Also wächst der Wert
(die Kraft) des Geldes, je mehr es allen nützlich ist.
Logischerweise ist es das Interesse jedes Individuums den
gemeinsamen Reichtum zu mehren – jedoch nicht des Geldes
wegen - sondern damit Land und Meer, Mensch und Tier zum
Nutzen Aller prosperieren.

2.3.6 Die höchste Priorität des irdischen Geldes ist es, der Mehrung des Reichtums der Himmel unter den Menschen zu dienen.

Was bedeutet das?

Da nun das Geld nicht mehr - wie in der unzivilisierten Gesellschaft - Selbstzweck ist, sondern Mittel zur Erreichung eines höheren Zieles, definiert dieser Grundsatz die wesentliche Bestimmung:
Das Geld ist nicht wie früher so anzulegen, dass es den höchsten Ertrag an Zins oder Rendite bringt, sondern nun liegt der größte Wert des Geldes darin, möglichst viel Liebe, Wahrheit und Freude unter den Menschen zu fördern.
Daraus folgt, wenngleich natürlich einsichtig ist, dass sich diese geistigen (wahren) Werte für kein Geld der Welt erkaufen lassen, dass es die Prorität der Neuen Gesellschaft ist, die ihr zur Verfügung stehenden irdischen Mittel zur Erlangung der Himmlischen Schätze einzusetzen.

Was heißt das?

Es wird bevorzugt in Projekte investiert, die nach den bisherigen unzivilisierten Kriterien der Gewinnoptimierung erwartungsgemäß „Verlustgeschäfte" wären, denn nun geht es nicht mehr um „profitable Geschäfte", sondern um den größtmöglichen allgemeinen Nutzen der Gesellschaft, der in der Erlangung von immateriellen Werten wie Zufriedenheit, Dankbarkeit und Herzlichkeit ... besteht.

Ökonomen der alten Wirtschaftsordnung werden vermutlich die Hände über dem Kopf zusammenschlagen und fragen, wie sich das rechnen soll. Es soll sich nicht „rechnen". Denn Eins ist klar in dieser Rechnung und liegt für jeden greifbar auf der Hand: Glückliche und freie Menschen in liebevollem Umgang miteinander und mit einem großen gemeinsamen Ziel sind ohne Weiteres in der Lage Unvorstellbares zu vollbringen. Dies umso mehr, da die Liebe, Wahrheit und Freude Gottes mit ihnen ist.

2.3.7 Das Geld ist zugleich Verantwortung.

Was bedeutet das?

Der gemeinsame Reichtum, der als Leihgabe des Lebens Allen und Niemandem gehört, ist eine Verantwortung und Verpflichtung gegenüber dem Leben.
Wer über viel `Energie irdischer Verwirklichung´ verfügt, trägt eine größere Verantwortung gegenüber der Allgemeinheit und dem Leben. Wer über wenig Geld verfügt, trägt eine geringe – oder auch gar keine Verantwortung – außer für sich selbst.

Dass Geld zugleich Verantwortung ist, war bereits in der Zeit der unzivilisierten Menschheitskultur so, auch wenn dies – von den Reichen zumal – in Konsequenz so zumeist nicht wahrgenommen wurde, da sie die karmischen Wirkungen nicht sahen. Dem Erkennen dieser Tatsache wohnt möglicherweise für den Wandel der alten in die Neue Menschheitsgesellschaft eine ganz besondere Bedeutung inne:

Denn wie wird sich der Wandel vollziehen? Gewaltsam mit Schrecken? Durch Enteignung? Revolution? Oder durch besseres Erkennen – durch die Revolution im Herzen des Einzelnen?

Mögen die Reichen des alten Systems ihre Verantwortung für ihren Reichtum erkennen! Allein auf diese Weise können sie ihren Reichtum und ihren Einfluss erhalten.

Die Neue Zivilisation hat kein Interesse, Irgendjemandem zu schaden, sondern integriert alle Individuen friedvoll in den Prozess der Erneuerung.
In diesem Integrationsprozess soll es möglich sein, jenen Reichen, die ihre Verantwortung erkennen, die ihnen ihr Reichtum auferlegt, ihren Besitz in die neue Währung zu konvertieren. So könnten sie auch weiterhin mit diesen Mitteln als `Energie irdischer Verwirklichung´ arbeiten – und ihre Erfahrung und Kompetenz käme allen zugute.

2.3.8 Der Reichtum des Landes, der Meere, Tiere und Menschen gehört Niemandem, sondern ist Leihgabe des Lebens.

Was bedeutet das?

Wem gehört das Land, Meer, die Tiere und Menschen?

Es gehört Demselben, der ohne Gewinn- und Verlustrechnung allem Leben im Universum und auf Erden das Leben verleiht. Allein im Vertrauen auf diesen ureigentlichsten Eigentümer aller irdischen und himmlischen Reichtümer ist Gewissheit, dass für alles gesorgt ist.

3. DIE REGIERUNG DES FRIEDENS

Erläuterung:

Bis jetzt hatte noch jede Menschheitsepoche ihre Herrscher.
Die Hierarchie ist ein uraltes Paradigma, das durch das Massenbewusstsein tief in die DNS der Menschen eingeschrieben ist.
Im Grunde ist auch nicht wirklich etwas gegen hierarchische Strukturen einzuwenden, die in allen Bereichen des Mikro- und Makrokosmos als kosmisches Ordnungsprinzip vorkommen. Auch die Kommunikations- und Verantwortungsstrukturen der Neuen menschlichen Gesellschaft werden hierarchisch sein, wenngleich diesen Hierarchien nun keine Wertigkeit mehr von hoch oder tief, von wertvoll oder weniger wertvoll beigemessen wird, da jeder Mensch – gleich ob er viel oder wenig Verantwortung in der Gemeinschaft trägt – in seiner Einzigartigkeit und Göttlichkeit gesehen wird.
Diese Erkenntnis schließt jede Herrschaft – wie sie in der unzivilisierten Gesellschaft ausgeübt wurde – aus, weil nun weder Macht noch Geld die Verantwortlichen korrumpieren können, da Jedem Alles und Nichts gehört und alle über die Autorität der absoluten Selbstbestimmung verfügen.

Wer regiert den Neuen Menschen?

3.1 Kein Mensch herrscht
mehr über einen anderen Menschen.

Was bedeutet das?

Diese Manifestation ist die logische Konsequenz der Grunderkenntnis: „Jeder Mensch ist verantwortlich nur für sich selbst." (Siehe 1.10)
Aus dem Blickwinkel wahrer Erkenntnis betrachtet, ist kein Mensch besser als ein Anderer. Alle haben, was sie haben, als Geschenk des Lebens empfangen. Das Herrschaftsprinzip ist als Relikt des rückständigen bipolaren Denkens abgeschafft. Demzufolge konnte es nur deshalb „Herrscher" geben, weil es

auch „Beherrschte" gab. Weil es in der Natur der Unterdrückung liegt, dass die Unterdrückten sich von dem Druck zu befreien suchen, nur um sich selbst als Unterdrücker aufzuwerfen, machte das unzivilisierte Herrschaftsprinzip in der Menschheitsgeschichte wirklichen Frieden unmöglich.
Im Friedensreich der zivilisierten Gesellschaft sucht Niemand mehr die Herrschaft über einen Anderen zu erlangen – sondern nur noch über sich selbst.

3.2 Das Licht der Wahrheit leuchtet im Erkennen eines Jeden in ihm selbst.

Was bedeutet das?

Sowenig Jemand einen Anderen innerlich binden kann, sowenig kann Jemand einen Anderen innerlich befreien. Das kann durch die Erkenntnis der Wahrheit nur Jeder selber tun. Der erste Schritt zu dieser innerlichen Befreiung ist die Erkenntnis der Bindungen, mit denen man sich innerlich selbst gebunden hat. Für diese Bindungen kann man Niemanden verantwortlich machen. Wenn man die Schuld für seine Bindungen im Außen sucht, kann man im Innen keine Befreiung finden. Es gibt da keine Schuld. Vielmehr liegt im Erkennen dieser Bindungen der Weg zur Befreiung verborgen.
Was sind die Bindungen? Sie bestehen darin, Irrtümer für wahr zu halten. Denn solange sich Jemand irrtümlich für etwas hält, was er in Wahrheit nicht ist, kann er nicht er Selbst sein.
Worin besteht die Befreiung? Wenn der Mensch aufhört sich mit etwas zu identifizieren, was er nicht ist, wird er erkennen: Das Licht der Wahrheit leuchtet als sein wahres Wesen schon immer in ihm. Er konnte es nur nicht wahrnehmen.
Die Erkenntnis der Wahrheit ist also das Erkennen des Lichtes in sich selbst, das - als das Eine Licht allen Lichtes - in allem lebt, was lebt. Somit ist das Erkennen des Lichtes der Wahrheit das Erkennen der Göttlichkeit in sich selbst. In diesem Licht gibt es keinen Irrtum – und keine vermeintliche Trennung mehr.

3.3 Die Freude der göttlichen Gegenwart ist in jedem Herz gegenwärtig.

Was bedeutet das?

Hat der Mensch mit dem Licht der Wahrheit das ewige Leben und die Göttlichkeit in sich selbst gefunden (– und damit auch in allen Mitmenschen und allem, was lebt und ist), ist der alte unzivilisierte Zustand des „Sich-getrennt-Erlebens" ein für allemal überwunden. Wir sind Eins mit uns Selbst und in der Liebe Gottes, die in den Herzen aller wohnt, Eins miteinander.

> *„Gott ist die Liebe; und wer in der Liebe bleibt,*
> *der bleibt in Gott und Gott in ihm."*
> (Johannes 4, 16)

Das ist der eigentliche Grund, warum kein Mensch mehr über einen anderen herrscht: Von nun an regiert die Liebe in den Herzen. Das ist die wahre Freude der Gegenwart. Anstatt über die Anderen herrschen zu wollen, eilt nun Jeder dem Anderen zuvorzukommen, ihm bestmöglich zu dienen.

3.4 Die Liebe Gottes Selber wirkt das Heil.

Was bedeutet das?

Die Bedeutung dessen ist mit dem Verstand nicht zu fassen. Keine irdische Sprache hat ein Wort für diesen Zustand himmlischer „Glückseligkeit", der mit dieser heilwirkenden Gegenwart der Liebe in den Herzen der Menschen verbunden ist.

> *„Die Liebe Gottes ist ausgegossen in unsere Herzen*
> *durch den Heiligen Geist."*
> (Römer, 5,5)

Dieses Ganz-und-Vollkommen-Heil-Sein entzieht sich solange jedem menschlichen Fassungsvermögen, bis man es als vollkommene Beglückung wahrhaft an und in sich erfahren wird. Hätten wir noch unheiligen Menschen der derzeit noch weitgehend unbewussten Menschheitskultur nur eine leise Ahnung von diesem zum Vollen gekommenen Heil, eilten wir noch Heute, diese himmlische Gegenwart in uns zu finden.

Bis dahin dürfen wir getrost der Liebe Gottes vertrauen, dass Sie dieses Heil dereinst sicher in uns wirken wird (und jenseits von unserer beschränkten Wahrnehmung in Raum und Zeit bereits von Ewigkeit in unserer göttlichen Vollkommenheit gewirkt hat). Doch nicht so, dass Sie es uns aufdrängt oder als Ihren Willen aufzwingt, sondern nur, indem wir die Liebe herzlich erwidern und bewusst zu Dem erwachen, was wir sind.

„Dein Geist ist Eins mit Gottes Geist."
(Ein Kurs in Wundern, 4, IV, 7)

O, glückseliger Planet,
der mit dem Liebeerwachen der Menschheit
in der Gegenwart der Liebe Gottes
zu nie geahnter Blüte erwacht:
Der Himmel kommt auf die Erde herab.

*„Das Alte ist vergangen,
siehe, es ist alles neu geworden!"*
(2 Korinther 5,17)

Wir sind des Lichtes Licht

Und bereisen das All.

Lange erinnerten wir uns nicht

Auf diesem Erdenball:

Wir sind des Lichtes Licht.

Das Licht des Lebens.

Es leuchtet unser Licht

In jeder Zelle unseres Wesens.

Wir sind des Lichtes Licht.

Das Licht dieser Erde.

Lasst erstrahlen unser Licht,

Dass die Erde zur Sonne werde!

Der Autor

Andreas Klinksiek

Der Gründer der „Akademie der Harmonik" skizziert in seinem umfangreichen Werk ein holistisches Weltbild aus der Sicht eines ganzheitlichen Bewusstseins, das zur philosophischen Neuorientierung der globalen menschlichen Gesellschaft des 21. Jahrhunderts geeignet ist. Die Vision, die er in zahlreichen Artikeln und Büchern veranschaulicht, sieht eine bessere Welt und zeigt den Weg dorthin auf. Es sind universelle Themen wie die Schwingungswirklichkeit des Universums und des Menschen, die Evolution des Bewusstseins, die Rückerinnerung an die einstige Ursprache und die Kraft der Liebe, als dem Urgrund allen Seins.

Als Musiker, Dichter und Maler sind dem Philosophen die Farben und Klänge von jeher bedeutungsvoll. In der Entschlüsselung ihrer energetischen Wirk- und Heilkraft findet er die Energiequelle zu einer „sanften" Heilung. Mit der „Harmonikalen Licht- und Klangtherapie" entwickelt er eine schwingungs-energetische Heilmethode, die den Menschen als ganzheitliches Geist-Seele-Körperwesen sieht und nicht nur die Symptome einer Krankheit kuriert – sondern deren ursächlichen Grund erkennt.

Auf der Basis seiner Grundlagenforschung, die ein besseres Verstehen der Oszillation des Mikro- und Makrokosmos ermöglicht, entstehen eine Software, die die individuelle Schwingungsstruktur eines Menschen sicht- und hörbar werden lässt, und die 12FarbTon - „LichtKlang" EnergieLampe, durch die sich die Tür zur gezielten Heilanwendung von Schwingung etwas weiter öffnet.

REISE DURCH DIE ZEIT
IN DIE EWIGKEIT

DIE SPIRITUELLE GESCHICHTE DER MENSCHHEIT

Den Sinn zu entdecken in dem, was war, um Erkenntnis zu gewinnen für das, was sein wird, ist das Motiv dieses Buches.

Der Autor dieser Zeitreise, die zugleich eine Reise in die Innenwelten und ins Hier und Jetzt ist, fügt die Splitter der Geschichte zu einem ganzheitlichen Bild. So finden sich einfache Antworten auf die existenziellen Lebensfragen und nach dem „Woher" und „Wohin, die deshalb überzeugen, weil sie nicht einer bloß äußerlichen Verstandesbetrachtung entspringen, sondern einer inneren Schau, die Jeder in sich Selbst als wahr bestätigt finden kann. Es wird uns bewusst, warum wir hier sind. Nichts geschieht zufällig. Alles hat mit uns Selbst zu tun.

Bücher mit Sinn

Verlag: tredition GmbH

Paperback 978-3-7323-2239-8
Hardcover 978-3-7323-2240-4
e-Book   978-3-7323-2241-1

FREE FLOW ENERGY

DIE HEILKRAFT DER FARBEN UND KLÄNGE
Das neue Standardwerk der Human-Energetik

Dieses Buch ist das Ergebnis jahrzehntelanger Erforschung der Wirkung von Licht und Klang auf Körper, Seele und Geist. Der Autor entschlüsselt hier die „Matrix des Lebens" als die Schwingungs-Wirklichkeit der Welt und des Schwingungswesens des Menschen.
Diese Grundlagenforschung der Universellen Harmonik ermöglicht in praktischer Anwendung die Sicht- und Hörbarmachung des einzigartigen Schwingungsfeldes eines Individuums und schafft somit die Voraussetzung für einen gezielten Einsatz von Frequenzen zur Heilung von energetischen Blockaden und körperlichen Krankheits-Symptomen. Die Kenntnis dieser ganzheitlichen Zusammenhänge kann sowohl für den Heilungsprozess des Einzelnen, wie für die gesellschaftliche Bewusstseins-Entwicklung bedeutsam sein.

Bücher mit Sinn

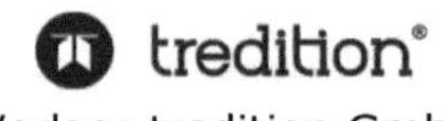

Verlag: tredition GmbH

Paperback 978-3-7345-0274-3
Hardcover 978-3-7345-0275-0
e-Book   978-3-7345-0276-7